ZEITSCHRIFT FÜR ANGEWANDTE GEOLOGIE

HERAUSGEGEBEN VOM
ZENTRALEN GEOLOGISCHEN INSTITUT
IM AUFTRAG DES
MINISTERIUMS FÜR GEOLOGIE

AUS DEM INHALT

AKADEMIE-VERLAG BERLIN

HEFT 11
BAND 23
NOVEMBER 1977
SEITE 541–596

EVP 2,– M

34114

	INHALT	СОДЕРЖАНИЕ	CONTENTS	

Die ZEITSCHRIFT FÜR ANGEWANDTE GEOLOGIE berichtet ständig über folgende Arbeitsgebiete: Geologische Grundlagenforschung und Lagerstättenforschung / Methodik der geologischen Erkundung / Ökonomie und Planung der geologischen Erkundung / Technik der geologischen Erkundung / Geologie und Lagerstättenkunde im Ausland. In der Zeitschrift können alle strittigen Fragen der praktischen Geologie behandelt werden. Die Autoren übernehmen für ihre Aufsätze die übliche Verantwortung.

Zeitschrift für angewandte Geologie 11/77

Herausgegeben vom Zentralen Geologischen Institut Berlin im Auftrag des Ministeriums für Geologie der Deutschen Demokratischen Republik
Verlag: Akademie-Verlag, 108 Berlin, Leipziger Straße 3–4

SCHMIDT, K.; FRANKE, D.

Zur lithologisch-faziellen Entwicklung des Präperms im Nordteil der DDR

Z. angew. Geol., Berlin, **23** (1977) 11, S. 541–548, 2 Abb., 17 Lit.

Durch zahlreiche Tiefbohraufschlüsse wurde der Kenntnisstand über die lithologisch-fazielle Ausbildung des Präperms im Nordteil der DDR in den letzten 15 Jahren beträchtlich erweitert. Die ältesten Schichtenfolgen, die bisher nachgewiesen wurden, gehören dem Ordovizium an (> 1500 m). Sie werden diskordant (kaledonische Schichtlücke) von den vorwiegend kontinental entwickelten Serien des Old Red (hohes Unterdevon und Mitteldevon, bis 1800 m) überlagert. Ihnen folgen, beginnend mit der Givet-Transgression, marine mergelig-karbonatisch-tonige Sedimente (hohes Mitteldevon und Frasne, bis 1600 m). Nach kurzzeitiger Regression im Famenne (50–130 m dolomitisch-mergelig-sandige Gesteine) kam es, eingeleitet bereits im Etroeungt, zur Bildung des unterkarbonischen „Kohlenkalks" und seiner Äquivalente (bis 2000 m vorwiegend mergelig-kalkige Schichten). Mit den im Zug der variszischen tektogenetischen Bewegungen erfolgten regionalen Heraushebungen und Regressionen gelangten in zeitlich-räumlicher Aufeinanderfolge marine (Namur A, > 700 m), paralische (Namur B – Westfal B, 160–1300 m) und kontinentale Serien (Westfal C – Stefan 950–1600 m) zur Ablagerung.

JUDIN, G. T.; KATZUNG, G.; u. a.

Zur Erdöl- und Erdgashöffigkeit der miogeosynklinalen Zonen von Faltungsgebieten

Z. angew. Geol., Berlin, **23** (1977) 11, S. 548–555, 8 Abb., 20 Lit.

Die Erdöl-Erdgasperspektivität der bis vor kurzem in dieser Hinsicht kaum beachteten miogeosynklinalen Zonen von Faltungsgebieten wird anhand einiger Beispiele behandelt: Westflanke des Südurals, Nordrand des Donbass, nordwestlicher Kaukasus. Es zeigt sich, daß diese Zonen – trotz ihrer komplizierten strukturellen Verhältnisse – auf Grund der zahlreichen Kohlenwasserstoffanzeichen sowie einiger Erdöl- und Erdgaslagerstätten optimistischer als bislang eingeschätzt werden müssen.

HURTIG, E. W.; MUNDT, W.; u. a.

Der Südwestrand der Osteuropäischen Tafel als mögliche alte Plattengrenze

Z. angew. Geol., Berlin, **23** (1977) 11, S. 556–558, 24 Lit.

Auf der Grundlage von neuen geomagnetischen, tiefenelektrischen, paläomagnetischen, geothermischen und tiefenseismischen Meßergebnissen werden die Anomalien des geophysikalischen Felds im Südwestrandbereich der Osteuropäischen Tafel untersucht. Es zeigt sich, daß deutliche Unterschiede im physikalisch-stofflichen Aufbau zwischen der Tafel und dem südwestlichen Vorland auftreten. Die Grenzzone hat den Charakter einer Bruch- und Bewegungszone, allerdings konnten Relativbewegungen seit dem Jungpaläozoikum paläomagnetisch nicht nachgewiesen werden.

KATZUNG, G.

Die Saxongliederung im Zentralabschnitt der Mitteleuropäischen Senke

Z. angew. Geol., Berlin, **23** (1977) 11, S. 559–561, 1 Tab., 7 Lit.

Ausgehend vom zyklischen Aufbau des Saxons, gestützt durch die Korrelation markanter lithologischer Leithorizonte sowie unter Berücksichtigung der paläogeographisch-paläotektonischen Beckenentwicklung wird eine Standardgliederung des Saxons für den Zentralabschnitt der Mitteleuropäischen Senke in Folgen und Schichten vorgestellt. Die Benennung der lithostratigraphischen Einheiten berücksichtigt die Verbreitungsgebiete typischer Ausbildung bzw. die Namen der für die Stratotypen ausgewählten Bohrungen. Die Sicherheit der Grenzen und noch nicht völlig gelöste Probleme werden aufgezeigt.

JUBITZ, K.-B.; TISCHENDORF, G.; WIENHOLZ, R.

Ergebnisse, Trends und Perspektiven des XXV. Internationalen Geologischen Kongresses in Sydney, Australien, 1976. Teil I

Z. angew. Geol., Berlin, **23** (1977) 11, S. 561–566, 7 Abb.

UDINZEW, G. B.; KRÜGER, P.; u. a.

Geologische Untersuchungen im Gebiet der Insel Jan Mayen
Teil II: Morphologische und petrographische Beobachtungen auf der Insel Jan Mayen

Z. angew. Geol., Berlin, **23** (1977) 11, S. 567–570, 1 Abb., 1 Tab., 17 Lit.

Der Vulkanismus der Insel Jan Mayen und der angrenzenden Querrinne weist zwei typische Merkmale auf: Erstens existiert eine Evolution von den ozeanischen Toleyitbasalten zu den subalkalischen und alkalischen Inselbasalten und -trachyten, wobei Ähnlichkeit mit anderen Gebieten der mittelozeanischen Rücken besteht. Zweitens wird der Vulkanismus durch das Vorhandensein saurer Eruptivgesteine charakterisiert, wodurch er sich bedeutend vom Vulkanismus der mittelozeanischen Rücken unterscheidet und sich dem Typ nähert, der für Island und junge orogene Kontinentbereiche charakteristisch ist. Die Besonderheiten der Geomorphologie zeugen von einem Transformbruch mit Strukturen eines tertiären Basaltplateaus, dessen Reste der Jan-Mayen-Rücken und das um die Insel gelegene Unterwassermassiv sind. Besonders deutlich sind die Unterschiede dieser Strukturen in den Besonderheiten der Bodenmorphologie des nördlichen und südlichen Hangs der Jan-Mayen-Querrinne zu erkennen.

HEBERT, D.; JORDAN, H.; FRÖHLICH, K.

Kombinierte Tritium- und ^{14}C-Untersuchungen an Wässern eines klüftig-porösen Grundwasserleiters

Z. angew. Geol., Berlin, **23** (1977) 11, S. 571–574, 3 Abb., 3 Tab., 17 Lit.

Durch Auswertung von Langzeitreihen von Tritium- und ^{14}C-Messungen konnten quantitative Aussagen über die Grundwasserneubildung im Untersuchungsgebiet, den Kontaminationsschutz der untersuchten Speicherstätten, das Grundwasseralter, die Grundwasserfließgeschwindigkeit, die Förderleistung der beprobten Brunnen u. a. erhalten werden.

GABRIEL, B.; ZIEGLER, G.

Zur Berechnung des Grundwasserdargebots in triassischen Gesteinen des Thüringer Beckens

Z. angew. Geol., Berlin, **23** (1977) 11, S. 574–579, 4 Abb., 3 Tab., 6 Lit.

Zur Berechnung des Grundwasserdargebots werden die Ergebnisse verschiedener Berechnungsverfahren gegenübergestellt und an tatsächlichen Meßwerten aus Gebietslysimetern geeicht. Hinsichtlich der praktischen Arbeit bedeutet dies vor allem bei Übertragungen von Wasserhaushaltsgrößen, die gebietsspezifischen Besonderheiten zu berücksichtigen. Besonders günstig gestaltet sich im Festgesteinsbereich eine Kombination verschiedener Verfahren der Dargebotsermittlung. Nach vorgelegter Modellvorstellung der Gebietslysimeter ist diese hinsichtlich Inhomogenitäten und Anisotropien wandlungs- und ausbaufähig.

ENGLER, R.; WAGNER, F. C.

Zum thermischen Verhalten lunarer Gesteinsproben in Abhängigkeit vom Druck

Z. angew. Geol., Berlin, **23** (1977) 11, S. 580–581, 1 Abb., 3 Tab., 10 Lit.

Für verschiedene Gesteine von Apollo 12, 14 und 15 wurden die Werte der spezifischen Wärme c_v unter Normal- und erhöhtem Druck (bis 2 kbar) berechnet. Dabei zeigt sich bei Normaldruck, daß die c_v-Werte für irdisches Olivin im Vergleich zu lunarem Olivin viermal größer sind. Die Bestimmung der spezifischen Wärme in Abhängigkeit vom Druck ermöglicht eine Erklärung dieser Diskrepanz. Die Wertetabelle von $c_v = f(p)$ ergibt, daß die c_v-Werte des Mondgesteins erst ansteigen und dann einem konstanten Wert zustreben. Somit ist die Annahme berechtigt, daß sich bei einem Druckbereich von 1 kbar bis 1,2 kbar die Spalten des Gesteins schließen, sich das lunare Material wie festes Gestein verhält und den gleichen c_v-Wert wie irdisches Gestein erreicht.

ELERT, K.-H.

Natrium–Magnesium-Doppelsulfatminerale im oberen Zechstein 2

Z. angew. Geol., Berlin, **23** (1977) 11, S. 582–589, 12 Abb., 20 Lit.

Löweit, Astrakanit und Vanthoffit sind im Zechstein 2 stoffliche Ausnahmebildungen und gebunden an das oberste Na 2 und die Liegendgruppe des Flözes K 2 in aszendent umgebildeten Profilen des beckenzentralen, $MgSO_4$-reichen Abscheidungstyps. Sie erscheinen verbreitet als nur mikroskopisch erfaßbare Spurenbildungen, seltener in makroskopisch erkennbaren Anreicherungen. Die Bildung der Na–Mg-Doppelsulfate wurde bestimmt durch die vertikale Mineralverteilung im carnallitischen Edukt, den Chemismus und die Ausbreitungsdynamik der aszendenten Lösungen sowie durch das Löseverhalten des Kieserits.

Zeitschrift für angewandte Geologie 11/77

Herausgegeben vom Zentralen Geologischen Institut Berlin im Auftrag des Ministeriums für Geologie der Deutschen Demokratischen Republik
Verlag: Akademie-Verlag, 107 Berlin, Leipziger Straße 3–4

SCHMIDT, K.; FRANKE, D.

The Lithological-Facial-Development of the Pre-Permian in the North of the G.D.R.

Z. angew. Geol., Berlin, 23 (1977) 11, pp. 541–548, 2 Figs., 17 Refs.

As a result of numerous deep-boring exposures the state of knowledge of the lithological-facial development of the Pre-Permian in the north of the G.D.R. has considerably been extended in the past 15 years. The oldest successions of beds so far demonstrated pertain to the Ordovician (> 1,500 m). They are unconformably (Caledonian stratigraphical break) overlain by mainly continentally developed Old Red series (high Lower Devonian and Middle Devonian, up to 1,800 m), and are followed, beginning with the Givetian transgression, by marine marly-carbonated-argillaceous sediments (high Middle Devonian and Frasnian, up to 1,600 m). After a short-time regression in the Famennian (50 to 130 m of dolomitic-marly-sandy rocks), and already initiated during the Etroeungtian, the Lower Carboniferous "carbonaceous limestone" and its equivalents (up to 2,000 m mainly marly-limy beds) were formed. With regional uplifts and regressions taking place in the course of Variscan tectogenetic movements marine series (Namurian A, > 700 m), paralic ones (Namurian B to Westphalian B, 160 to 1,300 m), and continental ones (Westphalian C to Stephanian, 950 to 1,600 m) were successively deposited in space and time.

JUDIN, G. T.; KATZUNG, G., et al.

Oil and Gas Prospects of the Miogeosynclinal Zones of Folded Areas

Z. angew. Geol., Berlin, 23 (1977) 11, pp. 548–555, 8 Figs., 20 Refs.

Oil and gas prospects of miogeosynclinal zones of folded areas so far hardly considered in this respect are illustrated by some examples, such as the western flank of the Southern Ural Mountains, the northern margin of the Donetz basin, and the north-west Caucasus. It ist shown that these zones in spite of their intricate structural conditions more than hitherto must be estimated more optimistically because of numerous indications of hydrocarbon and of some oil and gas deposits.

HURTIG, E. W.; MUNDT, W.; et al.

The South-West Margin of the Eastern European Platform as a Possible Old Plate Boundary

Z. angew. Geol., Berlin, 23 (1977) 11, pp. 556–558, 24 Refs.

On the basis of new geomagnetic, deep-electric, palaeomagnetic, geothermal and deep-seismic measuring results anomalies of the geophysical field are investigated in the south-west marginal area of the Eastern European platform. It is shown that the physical-material structure of the platform is clearly distinguished from that of the south-west foreland. The boundary zone has the character of a zone of fracture and movement, relative movements, however, could not be detected palaeomagnetically since the Upper Palaeozoic.

KATZUNG, G.

The Division of the Saxonian in the Central Section of the Central European Depression

Z. angew. Geol., Berlin, 23 (1977) 11, pp. 559–561, 1 Table, 7 Refs.

Proceeding from the cyclic structure of the Saxonian, its standard division in suites and beds is presented for the central section of the Central European depression, when supported by the correlation of striking lithological key horizons, and when taking the palaeogeographical-palaeotectonic development of the basin into account. The designation of the lithostratigraphical units considers the areas of distribution of typical development and the names of borings selected for the stratotypes. The security of boundaries and problems still incompletely solved are indicated.

JUBITZ, K.-B.; TISCHENDORF, G.; WIENHOLZ, R.

Results, Trends and Perspectives of the XXVth International Geological Congress in Sydney, Australia, 1976
Part 1

Z. angew. Geol., Berlin, 23 (1977) 11, pp. 561–566, 7 Figs.

UDINZEW, G. B.; KRÜGER, P.; et al.

Geological Investigations in the Area of the Jan Mayen Island
Part 2: Morphological and Petrographical Observations in the Jan Mayen Island

Z. angew. Geol., Berlin, 23 (1977) 11, pp. 567–570, 1 Fig., 1 Table, 15 Refs.

The volcanism of the Jan Mayen Island and of the adjacent transverse channel shows two typical features, first an evolution from oceanic toleyite basalts to subalkaline island basalts and trachytes, showing a similarity to other areas of the mid-oceanic ridge, second a characterization of the volcanism by the presence of acid igneous rocks. Thereby it is considerably distinguished from the volcanism of the mid-oceanic ridge and approaches a type characteristic of Iceland and young orogenetic continental areas. The geomorphological peculiarities give proof of a transform fracture with structures of a Tertiary basaltic plateau whose remainders are the Jan Mayen ridge and the subaquatic massif situated around the island. The differences of these structures can be recognized with particular clearness in the soil-morphological peculiarities of the northern and southern slope of the Jan Mayen transverse channel.

HEBERT, D.; JORDAN, H.; FRÖHLICH, K.

Combined Tritium and ^{14}C Studies of Waters of a Jointable-Porous Aquifer

Z. angew. Geol., Berlin 23 (1977) 11, pp. 571–574, 3 Figs., 2 Tables, 17 Refs.

By evaluating long-time series of tritium and ^{14}C measurements qualitative statements could be obtained on the recharge of ground water in the area of investigation, protection against contamination of the reservoirs, age of ground water, rate of flow, capacity of wells sampled etc.

GABRIEL, B.; ZIEGLER, G.

Calculation of Ground Water Present in Triassic Rocks of the Thuringian Basin

Z. angew. Geol., Berlin, 23 (1977) 11, pp. 574–579, 4 Figs., 3 Tables, 6 Refs.

For calculating present ground water the results of various methods are compared and calibrated by real values measured by means of regional lysimeters. As far as practical work is concerned, this means above all a consideration of peculiarities specific to a region when transferring water-balance quantities. By combining various methods a determination of ground water present in the solid-rock range is particularly favourable. A model representation of regional lysimeters is presented and can be subjected to modification and completion in view of inhomogeneities and anisotropies.

ENGLER, R.; WAGNER, F. C.

The Thermal Behaviour of Lunar Rock Samples as Dependent on the Pressure

Z. angew. Geol., Berlin, 23 (1977) 11, pp. 580–581, 1 Figs., 3 Tables, 10 Refs.

For various rocks of Apollo 12, 14 and 15 the specific heat values c_v were calculated under normal and increased pressure (up to 2 kbar). It was shown that compared with lunar olivine the c_v values for terrestrial one are four times higher. A determination of the specific heat as dependent on the pressure makes it possible to explain this discrepancy. From the table of values for $c_v = f(p)$ results that first the c_v values of the lunar rock rise and then tend toward a constant value. Thus it may be supposed that the cracks of rock are closed in a pressure range extending from 1 to 1,2 kbars, that lunar material acts like solid rock, and that it attains the same c_v value as terrestrial rock.

ELERT, K.-H.

Sodium–Magnesium Double-Sulphate Minerals in the Upper Zechstein 2

Z. angew. Geol., Berlin, 23 (1977) 11, pp. 582–589, 12 Figs., 20 Lit.

Loeweite, astrakhanite and vanthoffite are exceptional material formations in the Zechstein 2, and are bonded to the uppermost Na 2 and the floor group of the K 2 seam in ascendantly altered profiles of the basin-central type of separation rich in $MgSO_4$. They appear distributed as trace formations only to be determined microscopically, and occur more rarely in enrichments to be detected macroscopically. The formation of the Na–Mg double sulphates was determined by the vertical distribution of minerals in the original carnallitic material, chemism and dynamics of propagation of the ascendant solutions, as well as by the solubility behaviour of kieserite.

ZEITSCHRIFT FÜR ANGEWANDTE GEOLOGIE

Träger der Ehrennadel in Gold
der Gesellschaft für Deutsch-Sowjetische Freundschaft

BAND 23 · NOVEMBER 1977 · HEFT 11

Zur lithologisch-faziellen Entwicklung des Präperms im Nordteil der DDR

SCHMIDT, K.; FRANKE, D., Berlin

Einleitung

Die Kenntnisse über die lithologisch-fazielle Entwicklung des Präperms im Nordteil der DDR sind in den letzten Jahren durch umfangreiche geophysikalische, bohrtechnische und wissenschaftliche Arbeiten beträchtlich erweitert worden. Der höchste Erforschungsgrad konnte dabei im Gebiet von Nord- und Mittelrügen erreicht werden. Zahlreiche Bohrungen sowie umfangreiches, relativ sicher interpretierbares geophysikalisches Datenmaterial vermitteln hier einen guten Überblick über den generellen Bau sowohl des karbonisch-devonischen Tafeldeckgebirgskomplexes als auch des unterlagernden kaledonischen Stockwerks. Weiter südlich, im Raum Südrügen und im angrenzenden Festlandsbereich, sinkt die Oberfläche des Präperms in Richtung auf das Zentrum der Nordostdeutschen Senkungszone rasch auf Teufen unterhalb 3000—4000 m ab. Informationen liegen daher im wesentlichen nur aus den oberen Strukturetagen, d. h. aus den Schichtfolgen des Oberkarbons vor. Lediglich die übertiefe Bohrung Loissin 1 schloß auch ältere Einheiten auf. Im Zentrum der Senke selbst sind zahlreiche grundsätzliche Probleme des stratigraphischen Profilaufbaus und der lithologisch-faziellen Ausbildung des Präperms nach wie vor ungeklärt. Das bis über 7000 m mächtige känozoisch-mesozoisch-jungpaläozoische Deckgebirge, von dem insbesondere die in ihrer Verbreitung und Mächtigkeit stark variierenden Vulkanitkomplexe des Autuns sichere Prognosen über die Tiefenlage der präpermischen Schichtenfolgen erschweren, wurde bisher nur von der im Bereich des „Ostelbischen Massivs" niedergebrachten Forschungsbohrung Parchim 1 durchteuft. Ihre Ergebnisse gestatten erste regional begrenzte Einschätzungen dieser tief abgesunkenen Beckenteile. Mit der südlich dieses Senkungszentrums erfolgenden Verringerung der Deckgebirgsmächtigkeiten und dem damit verbundenen allmählichen Anstieg der Oberfläche des Präperms in Teufenniveaus von 5000 bis 3000 m liegen im Südabschnitt der Nordostdeutschen Senke (Altmark, nördliches Brandenburg) wiederum bessere Kenntnisse vor. Mehrere bis in die oberen Profilteile des Präperms abgeteufte Bohrungen haben hier tektonisch stärker dislozierte Serien des externen Variszikums aufgeschlossen, die unsere Vorstellungen über Begrenzung und Verlauf der nördlichen Außenzonen des mitteleuropäischen variszischen Orogens in bedeutendem Maße präzisierten.
Der regional unterschiedliche Aufschlußgrad bedingt zwangsläufig eine differenzierte Bewertung der einzelnen Teilgebiete der Nordostdeutschen Senke im Hinblick auf die Aussagekraft und Zuverlässigkeit der durchgeführten lithofaziell-paläogeographischen Interpretationen.

Prädevon

Die Kenntnisse über die lithologisch-fazielle Entwicklung des Prädevons im Nordteil der DDR sind noch sehr lückenhaft. Präkambrische Einheiten konnten bisher nicht nachgewiesen werden. Auch die Ausbildung das Kambriums ist unbekannt. Aufschlüsse des Ordoviziums kommen nur im äußersten Norden (Insel Rügen), des Silurs lediglich am Südrand der Nordostdeutschen Senke, im verdeckten Bereich der Rhenoherzynischen Zone des variszischen Orogens vor. Rückschlüsse auf die mögliche lithofazielle Ausbildung der prädevonischen Einheiten können aus diesem Grund in der Regel nur durch regionalgeologische Vergleiche zu besser erschlossenen Nachbarräumen gezogen werden.

Präkambrium

Die Einschätzung der Verhältnisse im Präkambrium ist schwierig. Nach unseren gegenwärtigen, aus der Regionalanalyse gewonnenen Vorstellungen kann angenommen werden, daß analog zur Situation im Randbereich der Osteuropäischen Tafel (Mittelpolen, Bornholm, Südschweden) über einem zu unterschiedlichen Zeiten (teilweise mehrfach bzw. wiederholt) konsolidiertem „kristallinen" Untergrund wahrscheinlich mit dem Vendium (oberstes Präkambrium, Eokambrium, oberes Sinium) eine neue sedimentäre Entwicklungsetappe begann, die ohne signifikante Unterbrechungen zum kambrosilurischen Sedimentationsgeschehen überleitete. Klastische Ablagerungen von anfangs kontinentalem, später zunehmend marinem Charakter könnten vorherrschen. Auch ist das Auftreten von Produkten eines überwiegend basischen Magmatismus („spätbaikalische" Basalte, Tuffe und Tuffite) nicht auszuschließen.

Innerhalb der kaledonisch gefalteten Komplexe im Bereich des DDR-Anteils der Dänisch-Polnischen Tafelrandsenke (Rügen—Hiddensee, Nordostmecklenburg) können die sedimentären Folgen des höheren Präkambriums stärker beansprucht sein und heute als Metamorphite (Phyllite, Quarzite, Glimmerschiefer usw.) vorliegen. Ob zwischen diesen und dem präbaikalischen Basement trotzdem noch deutliche Strukturdiskordanzen bestehen oder ob hier der kristalline präkambrische Altbestand unmittelbar in die kaledonische Tektogenese mit einbezogen und von dieser „überwältigt" wurde, läßt sich auf Grund fehlender Aufschlüsse gegenwärtig noch nicht entscheiden. Die regionalgeologischen Verhältnisse im NW (dänische Inseln) und im SE (Mittelpolen) sowie spezifische geophysikalische Kriterien (Schollengliederung des tieferen Untergrunds nach geomagnetischen und gravimetrischen Methoden, Wechselgrenzen nach seismologischen Messungen u. a.) scheinen dafür zu sprechen, daß zwischen kaledonischem und präkambrischem Stockwerk sowohl im Diagenese- bzw. Metamorphosegrad als auch in der strukturtektonischen Entwicklung die primär existenten Unterschiede weitgehend erhalten blieben.

Eingang des Manuskripts in der Redaktion: 20. 6. 1977.

Kambrium

Verbreitung und Ausbildung des Kambriums im Nordteil der DDR sind ebenfalls noch vollkommen unerforscht. Auch aus den Nachbargebieten liegen nur wenige Fakten vor. In Nordwestpolen wurden kambrische Serien noch nicht erbohrt. Ebenso steht ihr Nachweis im N der BRD aus. Die aus dem S der DDR (Raum Görlitz—Doberlug—Delitzsch) bekannten Vorkommen besitzen offensichtlich nur lokalere Bedeutung, die weitreichende Analogieschlüsse verbieten. Lediglich das Kambrium der nördlich angrenzenden Räume (Bornholm, Schonen, Seeland) kann gegebenenfalls gewisse Hinweise auf die Entwicklung der entsprechenden Folgen im tieferen Untergrund der Nordostdeutschen Senke geben. In diesen Gebieten werden die tieferen Horizonte (Unterkambrium) vorwiegend von Sandsteinen und Siltsteinen, die höheren (Mittel- bis Oberkambrium) dagegen durch Tonsteine („Alaunschiefer"), denen z. T. geringmächtige Kalksteinlagen und -linsen zwischengeschaltet sind, vertreten. Diese für Südskandinavien typische Ausbildung (baltoskandische Provinz) tritt mit geringen Abweichungen auch im Oslograben, in Väster- und Östergötland, in Närke und Dalsland, an der Kalmar-Küste sowie auf den Inseln Öland und Gotland auf. Ob und wie weit diese Entwicklung nach S in den Bereich der Nordostdeutschen Senke hineinreicht, ist ungewiß. Paläogeographisch bestehen zu diesen Gebieten jedoch wahrscheinlich engere Beziehungen als zu den stärker mediterran beeinflußten mitteleuropäischen Kambriumvorkommen.

Ordovizium

Die bisher einzige stratigraphisch exakt einstufbare prädevonische Schichtenfolge, die im Nordteil der DDR erbohrt wurde, gehört dem Ordovizium an (FRANKE 1967a, JAEGER 1967, BOCHMANN & SCHMIDT 1972). In drei Tiefenaufschlüssen auf der Scholle von Nordrügen sowie zwei weiteren Bohrungen im mittelrügenschen Raum wurde unter jungpaläozoisch/mesozoischen bzw. devonisch/karbonischen Deckschichten eine mächtige Serie teilweise stärker dislozierter Sedimente des Tremadocs (?) bis tieferen Caradocs nachgewiesen (Abb. 1).

Graptolithenstratigraphisch belegt sind die Zonen 6—7 (Llanvirn), 8 (Llandeilo) und 9 (tieferes Caradoc). Nach der Hystrichosphärenführung ist für die tiefsten erbohrten Schichtenfolgen, in denen Graptolithen oder andere Leitformen noch nicht gefunden wurden, ein Arenig- bis hohes Tremadocalter wahrscheinlich.
Lithologisch setzen sich das tiefere Caradoc sowie das Llanvirn hauptsächlich aus grauen bis grauschwarzen marinen Tonsteinen zusammen. Dagegen besteht der zwischengeschaltete Komplex des Llandeilo aus einer stärker klastischen Folge von grauen Sandsteinen und Grauwacken mit nur untergeordnetem Tonsteinanteil. Der eventuell dem Arenig oder hohen Tremadoc angehörende basale Abschnitt wird aus grauen, grünlichen und (sekundär?) roten, gut geschichteten Ton- und Siltsteinen aufgebaut.
Die Mächtigkeiten sind schwer abzuschätzen, da durch tektonische Bewegungen mehrmals Schichtwiederholungen (faunistisch belegt) auftreten. Aus den bisher erbohrten Maximalmächtigkeiten von über 3000 Metern kann jedoch auf eine primäre Gesamtmächtigkeit des Rügener Ordoviziums von etwa 1500—2000 m geschlossen werden (GLUSCHKO, DIKENSTEIN & SCHMIDT 1974).
Korrelationen lassen sich mit Hilfe der Graptolithenfaunen am besten zum südschwedischen Ordovizium vornehmen. Danach sind im bisher nachgewiesenen Ordovizium von Rügen Äquivalente der Unteren *Dicellograptus*schiefer und der Oberen *Didymograptus*schiefer vertreten (JAEGER 1967). Die untere bunte Tonstein-Siltstein-Folge könnte eventuell dem Unteren *Didymograptus*schiefer entsprechen. Der in Schonen zwischen Oberem und Unterem *Didymograptus*schiefer liegende Orthocerenkalk tritt in den Rügener Profilen nicht auf.

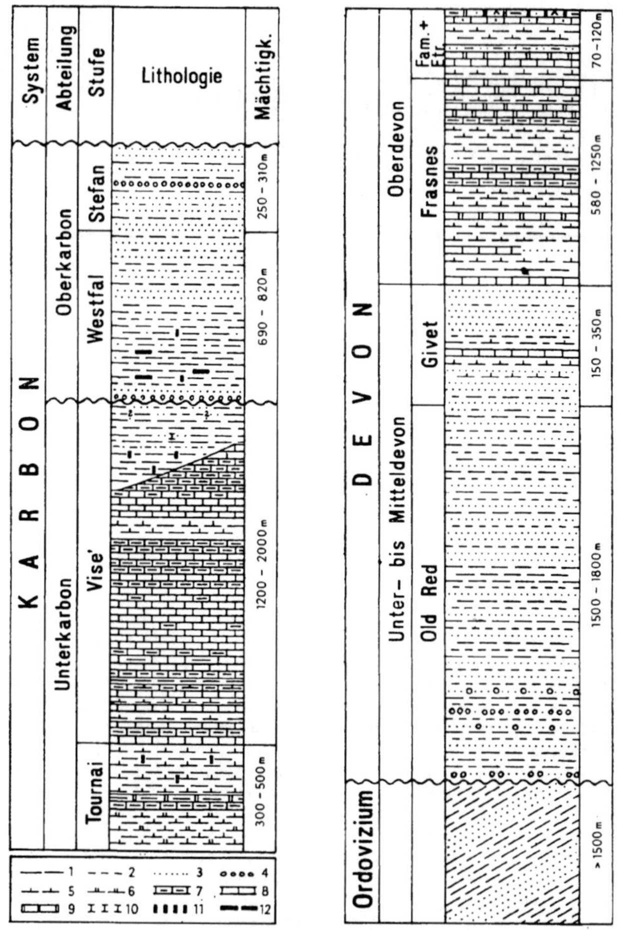

Abb. 1. Normalprofil des Präperms von Rügen—Hiddensee
1 — Tonstein; 2 — Siltstein; 3 — Sandstein; 4 — Konglomerat; 5 — Mergelstein; 6 — Dolomitmergelstein; 7 — Kalkmergelstein; 8 — Kalkstein; 9 — Dolomit; 10 — Karbonatgehalt; 11 — Sideritführung; 12 — Kohleführung

Nach den durch sedimentologische Untersuchungen ermittelten Faziesindikationen sowie den sich aus der regionalen stratigraphischen und paläogeographischen Analyse ergebenden Hinweisen erfolgte die Ablagerung des Rügener Ordoviziums in einem sich rasch einsenkenden Sedimentationstrog am Rand der Osteuropäischen Tafel (Dänisch-Polnische Tafelrandsenke des tieferen Paläozoikums). Schnelle Subsidenz bei gleichzeitig intensiver Materialzufuhr führten zu wesentlich erhöhten Mächtigkeiten gegenüber den stratigraphisch äquivalenten Serien auf der Tafel selbst. Kennzeichnend ist weiterhin die rein terrigene Ausbildung mit Einschaltung auch gröberklastischer Horizonte. Sie zeigen in Verbindung mit den auf flyschoide Bedingungen hinweisenden Lithotypen und Sedimentstrukturen eine erhöhte Mobilität des Ablagerungsraums an.

Im weiter südlich gelegenen Festlandsbereich fehlen Aufschlüsse im Ordovizium. Zumindest für die nördlichen, unmittelbar an Rügen angrenzenden Räume darf jedoch mit weitgehend analogen Verhältnissen gerechnet werden, wie sie in den Bohrungen auf Nord- und Mittelrügen angetroffen wurden.

Die in Nordostmecklenburg im Liegenden des Karbons lokal aufgeschlossene Wechsellagerung rot- bis violettbrauner, teilweise auch grüngrauer Tonsteine mit grünlichgrauen Fein- bis Mittelsandsteinen ist hinsichtlich ihrer stratigraphischen

Stellung noch umstritten. Die gegenüber dem karbonisch-devonischen Tafeldeckgebirge des Rügener Raums erhöhte tektonische Dislozierheit und die damit im Zusammenhang stehende deutliche Erhöhung des Diagenese- bzw. Metamorphosegrads sowie die fazielle Verschiedenheit dieser „Bunten Serien" zu den gut bekannten Karbon/Devon-Profilen des umgebenden Raums lassen prädevonisches Alter dieser Schichtenfolge als gesichert erscheinen. Da jedoch weder Makro- noch Mikrofossilien nachgewiesen werden konnten und auch die lithologische Ausbildung nicht signifikant genug ist, um sichere Korrelationen zu biostratigraphisch fixierten Einheiten in den Nachbargebieten vornehmen zu können, ist eine exakte Einstufung vorerst nicht möglich.

Silur

Ablagerungen des Silurs sind bisher nur vom äußersten Südrand der Nordostdeutschen Senke bekannt. In den auf der Flechtingen-Roßlauer Scholle niedergebrachten Bohrungen Bias und Aken 2 wurden Graptolithenschiefer des Valents (wahrscheinlich in Olisthostromen des Unterkarbons eingeschaltet) nachgewiesen, die enge Beziehungen zu den Silurvorkommen des Harzvariszikums aufweisen. Ähnliche lithologische Ausbildung zeigen auch die aus dem südbrandenburgischen Raum herzuleitenden Silurgerölle in den Werenzhainer Schichten des Doberluger Obervisé. Kennzeichnend ist eine überwiegend tonige bis tonig-siltige Ausbildung, in die sich erst im höheren Silur (Budnanium) vereinzelt Kalksteinlagen und -linsen zwischenschalten. Wie weit diese Entwicklung nach N reicht ist unklar. Wahrscheinlich bestehen im Mecklenburger bzw. Rügener Raum primär stärkere Analogien zu Südskandinavien und Nordwestpolen. Terrigene Entwicklung mit vorherrschend Tonsteinen und Siltsteinen sowie hohen Mächtigkeiten insbesondere im oberen Silur wären zu erwarten. Allerdings ist, wie die Verhältnisse auf Rügen sowie im angrenzenden küstennahen Festlandsbereich zeigen, mit stärkeren Abtragungen im Zuge der kaledonischen Bewegungen zu rechnen, die zumindest gebietsweise ein annähernd gleichbleibend tiefes (präsilurisches) Denudationsniveau schufen. Damit bleibt aber auch die Frage nach dem exakten Alter der kaledonischen Tektogenese in diesem Raum (Schichtlücke Mittleres Ordovizium—Mitteldevon) zwangsläufig offen (vgl. BOCHMANN & SCHMIDT 1972).

Im Gebiet von Westmecklenburg (Raum des Ostelbischen Massivs) ist unter Umständen — wie auch für die älteren paläozoischen Einheiten — mit stärkeren faziellen Abweichungen, Mächtigkeitsreduktionen oder sogar primärem Fehlen zu rechnen (vgl. FRANKE 1967b).

Devon

Devonische Schichtenfolgen wurden im Bereich der Nordostdeutschen Senke bisher nur auf Rügen nachgewiesen. Charakteristisch für dieses Gebiet ist eine formationelle Zweiteilung in einen überwiegend kontinental entwickelten unteren Teil (höheres Ems bis Givet) und einen vornehmlich marinen oberen Abschnitt (Oberes Givet bis Etroeungt). Die Mächtigkeiten erreichen Maximalwerte von 2500 bis 3000 m.

Der ca. 1500—1800 m mächtige untere Teil des Rügener Devonprofils liegt in Old Red-Fazies vor. Es überwiegen braun bis braunviolett, seltener auch grün oder grau gefärbte siltig-tonige Gesteine und Sandsteine. Konglomeratische Lagen treten nur untergeordnet, und dann vor allem in den basalen Profilabschnitten auf. Die Fossilführung ist gering. Nachgewiesen wurden neben Pflanzenhäcksel vereinzelte Psilophytenreste und Sporen, in geringmächtigen marinen Ingressionshorizonten auch Ostracoden und Brachiopoden.

Eine durchgängige biostratigraphische Gliederung läßt sich auf dieser Grundlage nicht durchführen. Nach den vorliegenden faunistischen und floristischen Belegen kann eine Einstufung in das Eifel und Givet vorgenommen werden. Hohes Emsalter der Basispartien ist möglich, jedoch nicht zwingend zu beweisen. Auf lithostratigraphischer Basis (Siltgestein/Tonstein — Sandstein-Verhältnis) können etwa 15 Korrelationseinheiten ausgehalten werden. Exakte Parallelisierungen zwischen den Bohraufschlüssen sind jedoch schwierig und mit Unsicherheiten behaftet.

Zum Hangenden hin geht das Old Red in eine ca. 150 bis 350 m mächtige Folge grauer bis schwarzgrauer Sandsteine, Siltsteine, Tonsteine und Mergelsteine eines küstennahen Flachwasserbereichs über. Marine Faunen (insbesondere Brachiopoden) gestatten eine biostratigraphische Datierung als hohes Givet.

Die mit dem Givet eingeleitete marine Transgression erreichte im Frasnes ihren Höhepunkt. Zur Ablagerung gelangten vor allem dunkelgraue mergelig-tonige Gesteinsserien. Daneben treten häufig auch Kalksteine, Dolomite sowie Silt- und Sandsteine auf. Die relativ reiche Fossilführung (Brachiopoden, Korallen, Stromatoporen u. a.) erlaubt exakte stratigraphische Einstufungen.

Eine Untergliederung des Frasnes in Teilstufen ist möglich. Danach erreicht das Unterfrasnes eine Mächtigkeit von 200 bis 400 m, das Mittelfrasnes von 350 bis 800 m und das Oberfrasnes von 30 bis 100 m. Die Grenzen zwischen den einzelnen Einheiten können allerdings in der Regel nicht scharf gezogen werden, da einerseits keine Vollkernstrecken vorliegen und andererseits der biostratigraphischen Auswertung von Bohrprofilen Grenzen gesetzt sind.

Im dolomitisch-mergelig-sandig ausgebildeten Famenne (50 bis 130 m) sind verstärkt regressive Tendenzen zu beobachten. Angezeigt werden diese durch gehäuftes Auftreten von Sandsteinhorizonten, erhöhten Ton- und Sandgehalt der Dolomite, vereinzelte Konglomeratlagen, braungefärbte siltig-tonige Serien mit Resten limnischer Fische sowie andere Kriterien.

Erst gegen Ende des Devons, im Etroeungt, werden diese zeitweilig lagunär-kontinentalen Verhältnisse wieder durch eine vorwiegend marine Entwicklung mit 20 bis 60 m mächtigen Mergel-Tonstein-Sandstein-Folgen abgelöst, die kontinuierlich zur Kohlenkalksedimentation des Unterkarbons überleitet.

Die Frage nach der Ausbildung des Devons im südlich angrenzenden Festlandsbereich kann gegenwärtig noch nicht beantwortet werden. Aufschlüsse fehlen hier bisher. Auch regionalgeologische Vergleiche zu den Nachbarräumen sind nur bedingt durchführbar. Wahrscheinlich ist mit Annäherung an die variszische Geosynklinale mit zunehmender Marinität auch im Unter- und Mitteldevon zu rechnen. Andererseits können insbesondere im Westteil (Westmecklenburg) Einflüsse des Old Red-Kontinents stärker wirksam geworden sein. Wie die Konfiguration des Sedimentationsraums insgesamt und der einzelnen Teilbecken untereinander war, was für paläogeographisch-paläotektonische Bedingungen herrschten und zu welchen lithologisch-faziellen Ausbildungen diese führten, bleibt weiteren Untersuchungen vorbehalten.

Karbon

Unterkarbon

Besser als im Prädevon und Devon sind die regionalen lithologisch-faziellen Verhältnisse im Unterkarbon einschätzbar. Obgleich in den beckenzentral gelegenen Bereichen der Nordostdeutschen Senke auch heute noch weiträumig Kenntnislücken existieren, kann eine generelle Charakterisierung der unterkarbonischen Entwicklung

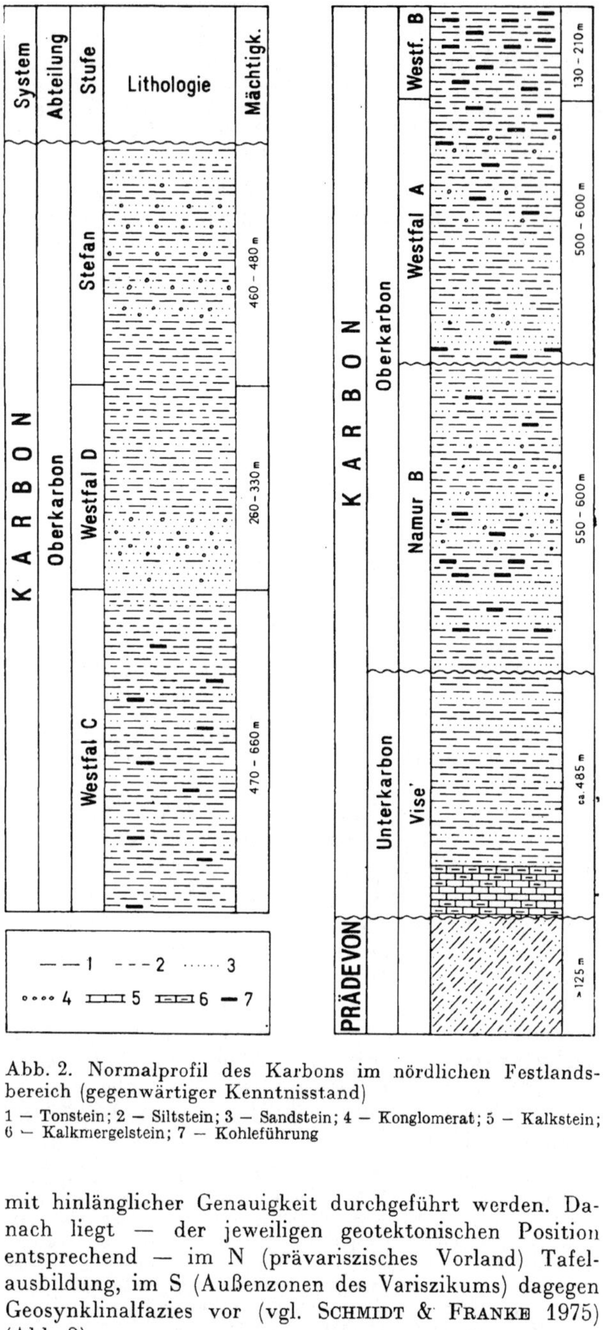

Abb. 2. Normalprofil des Karbons im nördlichen Festlandsbereich (gegenwärtiger Kenntnisstand)

1 – Tonstein; 2 – Siltstein; 3 – Sandstein; 4 – Konglomerat; 5 – Kalkstein; 6 – Kalkmergelstein; 7 – Kohleführung

mit hinlänglicher Genauigkeit durchgeführt werden. Danach liegt — der jeweiligen geotektonischen Position entsprechend — im N (prävariszisches Vorland) Tafelausbildung, im S (Außenzonen des Variszikums) dagegen Geosynklinalfazies vor (vgl. SCHMIDT & FRANKE 1975) (Abb. 2).

Die Tafelausbildung im N wird durch kalkig-mergeligtonige Schelfsedimente mit artenreicher Makro- und Mikrofauna gekennzeichnet. Diese dem westeuropäischen „Kohlenkalk" ähnliche Faziesfolge wurde auf Rügen in zahlreichen Bohrungen in Gesamtmächtigkeiten bis zu 2000 m nachgewiesen. Die reiche Fossilführung erlaubt genaue Datierungen und eine Gliederung in Stufen und Teilstufen. Durch eingehende Profilaufnahmen wurden darüber hinaus detaillierte lithostratigraphische Unterteilungen und Parallelisierungen ermöglicht (HOFFMANN, LINDERT, WEYER & ILLERS 1975).

Nach den Untersuchungen von LINDERT & ILLERS setzte sich die im höchsten Devon (Etroeungt) begonnene transgressive Entwicklungsetappe im Unter- und Mitteltournai (Tn 1 b bis Tn 2, 200 m) fort. Zur Ablagerung gelangten grauschwarze siltig-dolomitische Mergelsteine mit vereinzelten Einlagerungen dezimetermächtiger Kalksteinbänkchen, die zum Hangenden hin in fossilreiche, typische Kohlenkalkfaunen enthaltende dunkelgraue Kalksteine übergehen. Im Oberen Tournai (Tn 3, 100—300 m) wird die stärkste Absenkung erreicht. Kennzeichnend dafür sind Sideritkonkretionen führende schwarze Tonmergelsteine und Tonsteine, die neben Kohlenkalkfossilien auch kulmische Formen aufweisen. Vereinzelt kommen Tuffitlagen vor.

Gegenüber diesen regional relativ konstanten Sedimentationsbedingungen traten im Unteren Visé verstärkt Faziesdifferenzierungen ein. Sie dokumentieren sich vor allem in raschen lithologischen Veränderungen, Mächtigkeitsschwankungen und intraformationellen Schichtlücken. So kommen innerhalb des Unteren Untervisé (V 1 a, 200 bis 600 m) dunkel- bis schwarzgraue Kalksteine sowie grauschwarze und schwarze Mergelsteine und Tonsteine vor, die in der Vertikalen wie in der Horizontalen häufig wechseln und deren Mächtigkeiten von Profil zu Profil variieren. Erst mit dem oberen Untervisé (V 1 b, 200 bis 250 m) kehrten wieder ausgeglichenere Verhältnisse zurück. Graue bis dunkelgraue Kalksteine, die im unteren Abschnitt mit Tonsteinen und Mergelsteinen wechsellagern, herrschen vor.

Das Maximum der unterkarbonischen Kalksedimentation wurde im Unteren Mittelvisé (V 2 a, 200 bis 250 m) erreicht. Typisch ist eine nahezu reine, an Kohlenkalkfauna reiche dunkelgraue Kalksteinfolge. Sie wird im Oberen Mittelvisé (V 2 b, 200 bis 400 m) von grauschwarzen Kalkmergelsteinen bis Tonmergelsteinen abgelöst.

Die vorwiegend karbonatische Sedimentation des Mittelvisé hielt auf Rügen auch im Obervisé noch weitgehend an. So ist im Unteren Obervisé (V 3 a, 100 m) ein ziemlich homogener hellgrauer Kalksteinkomplex entwickelt, der sich durch Algenreichtum und Kieselknollenführung auszeichnet. Im Mittleren Obervisé (V 3 b, > 300 m) folgen dunkelgraue Mergelsteine, die mit einem zum Hangenden zunehmenden Siltgehalt schon erste regressive Tendenzen aufweisen. Oberes Obervisé (V 3 c), auf Rügen wahrscheinlich primär vorhanden gewesen, fehlt infolge der in diesem Raum wirksam gewordenen präwestfalischen Erosionsvorgänge.

Im Gebiet der Insel Hiddensee, teilweise auch im Westabschnitt von Rügen, zeigt insbesondere das Obervisé faziell stark von der „Normalausbildung" abweichende Züge (Gegensatz zwischen Rügenfazies und Hiddenseefazies). Kennzeichnend sind hier feinklastische sideritische Sedimente (schwarzgraue siltreiche Tonsteine bis Tonmergelsteine, vereinzelt mit Kalk- und Kalkmergellagen oder -knollen und geringmächtigen Feinsandeinschaltungen). Sie werden als annähernd N—S-streichende submarine Prodelta- bzw. Rinnenbildungen gedeutet, die den ansonsten offensichtlich mehr oder weniger einheitlich aufgebauten „Kohlenkalkgürtel" durchbrechen und erosiv über unterschiedliche Einheiten des unterkarbonischen Kohlenkalks übergreifen. Neben dem erhöhten Anteil terrigener Sedimente sind gegenüber der Rügenfazies abweichende Faunenführung (sowohl Kulm- als auch parautochthone Kohlenkalkfossilien), verringerte Mächtigkeiten, intraformationelle Schichtlücken u. a. typisch.

Im nördlichen Festlandsbereich wurden unterkarbonische Schichtfolgen bisher nur in unmittelbarer Küstennähe aufgeschlossen. Biostratigraphisch konnte der Bereich vom Oberen Obervisé bis zum Oberen Untervisé belegt werden, wobei jedoch Unteres Obervisé und Oberes Mittelvisé störungsbedingt ausfallen. Lithologisch setzt sich das Obervisé vorwiegend aus siltigen Tonsteinen mit Einlagerungen karbonatischer Feinsandsteine zusammen. Sowohl sedimentologisch als auch faunistisch (*Posidonia becheri*) sind „kulmische" Elemente kennzeichnend. Das

Mittelvisé besteht dagegen aus Kalksteinen bis Kalkmergelsteinen mit untergeordneten Zwischenschaltungen von Tonmergelsteinen. Lithologisch-faunistisch liegt hier typischer Kohlenkalk vor. Der Charakter des Übergangs zwischen der Kohlenkalkausbildung im Liegenden und der kulmischen Entwicklung im Hangenden ist auf Grund der zwischen Mittlerem Obervisé und Unterem Mittelvisé auftretenden Störung nicht bekannt.

Ob der „kulmisch" entwickelte obere Teil mit der von Nordhiddensee bekannten Faziesausbildung durch canyonartige Rinnensysteme unmittelbar in Verbindung stand und damit als lediglich lokale Sonderentwicklung innerhalb eines großflächigen, auch größere Teile des nördlichen Festlandsbereichs der DDR einnehmenden Kohlenkalkareals zu deuten ist, oder ob hier bereits erste Anzeichen für den allmählichen Übergang zur eigentlichen Kulmentwicklung der variszischen Außenzonen vorliegen, kann zum gegenwärtigen Zeitpunkt noch nicht mit Sicherheit entschieden werden.

Die im Südabschnitt der Nordostdeutschen Senke in mehreren Bohrungen nachgewiesene Geosynklinalfazies des Unterkarbons liegt als monotone Wechsellagerung von grauen bis dunkelgrauen Grauwacken bis Grauwackensandsteinen mit dunkel- bis schwarzgrauen Silt- und Tonsteinen vor (SCHMIDT & FRANKE 1975; GLUSCHKO u. a. 1976). Lithologische Zusammensetzung, sedimentäre Zyklizität, gradierte Schichtung, turbiditische Sedimentstrukturen u. a. weisen auf ihren flyschoiden Charakter hin. Formationell bilden diese noch in die variszische Faltung einbezogenen Serien einen vom höheren Visé bis ins tiefere Namur reichenden einheitlichen Komplex, der sich auf Grund der spärlichen Fossilführung sowie des Fehlens von Litholeithorizonten im allgemeinen nicht untergliedern läßt. Die Unterscheidung unter- von oberkarbonischen Anteilen ist daher — zumal verschieden tief reichende sekundäre Rotfärbungen unterhalb der Permbasis sowohl die lithofazielle Analyse als auch die faunistisch-floristische Auswertung zusätzlich erschweren — in der Regel problematisch.

Biostratigraphisch sicher belegt ist Unterkarbon bisher nur in der Bohrung Oranienburg 1. In dünnen Tonsteinlagen konnte WEYER eine Kulmfauna des Oberen Obervisés (*Goniatites granosus*-Zone) nachweisen. In anderen Bohrungen (Brandenburg 1, Ragösen 1) wird unterkarbonisches Alter der angetroffenen präpermischen Schichtenfolgen nach Untersuchungen von MEISSNER durch signifikante lithologische Merkmale (petrographischer Aufbau, Kieselschieferlagen) wahrscheinlich gemacht. Unter Umständen handelt es sich hierbei bereits um tiefere Horizonte (Beziehung zum Gommernquarzit der „*Pericyclus*"-Stufe bzw. zum kieselschieferführenden unteren Kulm).
Die Unsicherheiten in der stratigraphischen Abgrenzung zwischen Unter- und Oberkarbon machen exakte Mächtigkeitsangaben unmöglich. Hinzu kommt, daß infolge des durch die Faltung hervorgerufenen unterschiedlichen Schichteinfallens die wahre Mächtigkeit der erbohrten Folgen nur näherungsweise rekonstruiert werden kann. Auch Schichtwiederholungen, verursacht durch stärker verengte Falten sowie durch Störungen, komplizieren das Bild. Nach gegenwärtigem Kenntnisstand muß für den Flyschkomplex mit Werten von generell über 500 bis 700 m gerechnet werden.

Im Zentralteil der Nordostdeutschen Senke wurde das Unterkarbon noch nicht erbohrt. Hier sind die entsprechenden Serien in Teufen von 6000 bis 9000 m zu erwarten. Zieht man Analogievergleiche zu den besser erschlossenen Räumen im W (Gebiet nördlich des Rheinischen Schiefergebirges, Bohrungen Münsterland 1 und Versmold 1), wären zwischen dem flyschoiden Kulm im S und dem Kohlenkalk im N geringmächtige tonig-kieselige Ablagerungen eines relativ homogenen Stillwasserbeckens zu erwarten. Wie die Verhältnisse in den ähnliche paläotektonische Position aufweisenden Gebieten im E bzw. SE (tieferer Untergrund des Miechow-Trogs und der Karpatenvorsenke) zeigen, kann der Übergang von der Geosynklinal- zur Tafelausbildung jedoch auch durch stärkere Gliederung des Sedimentationsraums in schmale Tröge mit klastischen Kulmfolgen und zwischengelagerten Schwellen mit Karbonatentwicklung charakterisiert sein. Eine Entscheidung darüber, welche dieser möglichen Ausbildungen für die tief versenkten Bereiche im Nordteil der DDR am wahrscheinlichsten ist, kann vorerst noch nicht getroffen werden.

Oberkarbon

Analog den Verhältnissen im Unterkarbon gehören auch die Ablagerungen des Oberkarbons zwei geotektonisch unterschiedlichen Einheiten an. Im S liegen sie in flyschoider Geosynklinalfazies vor und sind der Außenzone des variszischen Orogens zuzuordnen. Nach gegenwärtigem Kenntnisstand umfassen sie lediglich Schichtenfolgen des Namur A. Im N sind sie als Tafeldeckgebirge entwickelt und gehören zum prävariszischen Vorland. Stratigraphisch reicht das bisher nachgewiesene Profil vom Mittleren Namur bis zum Stefan.

Auf Grund des teufenabhängig variierenden Aufschlußgrads existiert ein regional unterschiedlicher Kenntnisstand. Durch Bohraufschlüsse am besten untersucht ist der Raum der Inseln Rügen und Hiddensee sowie das angrenzende küstennahe Festland (Scholle von Grimmen). Zahlreiche Bohrungen wurden auch am Südrand der Nordostdeutschen Senke, im Verbreitungsgebiet der gefalteten monotonen Namur A-Folgen niedergebracht. Demgegenüber weist der flächenmäßig relativ große beckenzentral gelegene Bereich dazwischen (Schollen von Demmin und Neubrandenburg, Großscholle von Parchim) einen sehr geringen Erforschungsgrad auf.

Die in den bisherigen Aufschlüssen nachgewiesenen lithologisch-faziellen Verhältnisse lassen erkennen, daß der gesamte Nordteil der DDR während des Oberkarbons paläogeographisch-paläotektonisch Teilglied eines größeren Sedimentationsbeckens darstellte, daß von den Britischen Inseln im W bis in die südwestlichen Teile der UdSSR im E reichte (SCHMIDT & KRULL 1978). Während im großregionalen Bild in dieser Hinsicht wesentliche Gemeinsamkeiten festgestellt werden können, sind aus der lokalen Analyse jedoch nicht unbedeutende Differenzierungen erkennbar. Daraus ergibt sich eine gewisse Eigenständigkeit der Oberkarbonentwicklung im Nordteil der DDR mit spezifischen Besonderheiten in der paläogeographischen Stellung, der lithologischen Ausbildung sowie den Mächtigkeitsverhältnissen.

Lithologisch setzt sich die Gesamtfolge aus einer zyklisch bis rhythmisch aufgebauten Wechsellagerung von Sandsteinen, Siltsteinen und Tonsteinen mit geringmächtigen Einschaltungen von Konglomeraten, Kaolin-Kohlentonsteinlagen, einzelnen Kohleflözchen, karbonatführenden Schichten sowie tuffitischen Horizonten zusammen. Kennzeichnend ist, daß die tieferen Profilteile (Namur bis unteres Westfal C) grau bis grauschwarz (Graue Folge), die höheren Abschnitte (oberes Westfal C bis Stefan) dagegen überwiegend rotbraun (Rote Folge) gefärbt sind.
Die Flözführung ist — verglichen mit anderen Gebieten der europäischen Oberkarbonrandsenke — nur gering. Sie konzentriert sich auf das Westfal B (Hauptflözzone der Lohmer Schichten) sowie lokal (küstennahes Gebiet) auf das Namur B. Spärliche Kohleanzeichen weisen noch das Westfal C (unterer Teil) und das Westfal A auf. Höheres Westfal sowie Stefan sind im wesentlichen flözfrei.
Als Ausdruck ständig wechselnder Sedimentationsbedingungen erfolgte eine paläogeographisch-fazielle Differenzierung in der Weise, daß die anfangs marinen Verhältnisse im Zug der nach N, d. h. vorlandwärts gerichteten Auffaltung des variszischen Gebirges und den damit in Verbindung stehenden Heraushebungen und überregionalen Meeresregressionen zunehmend durch terrestrische Einflüsse verdrängt wurden. So herrscht

im noch in die Faltung einbezogenen Südabschnitt der Nordostdeutschen Senke im Namur A in Fortentwicklung der unterkarbonischen Flyschetappe noch rein marines Milieu vor. Bereits im Namur B treten jedoch erste Verlandungserscheinungen auf, angezeigt durch Kohleflözchen, Wurzelböden und andere Kriterien. Das tiefere Westfal ist als Übergangsstadium von den küstennahen paralischen zu mehr limnisch-fluviatilen Bildungen gekennzeichnet. Die letzte deutliche, faunistisch exakt nachweisbare marine Ingression erfolgte mit dem Ägirhorizont an der Basis von Westfal C. Das tiefere Westfal C/D ist vorwiegend limnisch-fluviatil, das höhere Westfal C/D und das Stefan fast ausschließlich semiarid-kontinental entwickelt.

Aus der Verbreitung der einzelnen Stufen und Teilstufen des Oberkarbons sowie den diesen zuzuordnenden Mächtigkeiten ist ein Wandern der Sedimentation von S (orogenwärtiger Teil der Randsenke, eigentliche Saumsenke) nach N (vorlandwärtiger Teil der Randsenke, epikontinentale Region) abzuleiten.

Während im Namur das Beckenzentrum wahrscheinlich im Raum Ludwigslust—Plau—Neubrandenburg zu suchen ist, lag es im Westfal A/B etwa auf der Linie Schwerin—Güstrow—Demmin, im Westfal C/D an der nördlichen Festlandsküste (Warnemünde—Darß—Stralsund) und im Stefan im Gebiet von Südrügen. Das Streichen der Trogachsen ist im W wahrscheinlich SW—NE, weiter östlich mehr W—E. NW—SE-Richtungen scheinen im Bereich des Strelasunds von Bedeutung zu sein. Sedimentliefergebiete waren das variszische Orogen im S und der Fennosarmatische Kontinent im N.
Eine durchgehende Gliederung ist nur auf lithostratigraphischer Grundlage möglich. HIRSCHMANN, HOTH & KLEBER (1975) schieden auf Rügen—Hiddensee nach der Sedimentationsrhythmik sowie vereinzelt auftretenden Litholeithorizonten drei Großzyklen mit insgesamt neun Schichteinheiten aus: Hiddenseeschichten (höheres Westfal A), Wieker und Lohmer Schichten (Westfal B), Untere und Obere Jasmunder Schichten (Westfal C), Dornbuschschichten (Westfal D), Trenter, Rambiner und Mönchguter Schichten (hohes Westfal D, Stefan, eventuell basales Autun). Diese Gliederung läßt sich auf die nördlichen Festlandsbereiche übertragen und zum Liegenden hin (tieferes Westfal A, Namur) erweitern.
Für die Parallelisierung dieser Lithoeinheiten mit der internationalen Standardskala sind marine und brackische Einschaltungen innerhalb der paralischen Serien (Namur B, Westfal A/B, Basis Westfal C) sowie Horizonte mit Makro- und Mikroflorenführung (Namur, Westfal A bis C) von Bedeutung. Jüngste biostratigraphische Zeitmarken bilden *Pecopteris integra* SCHIMPER aus den Trenter Schichten Mittelrügens sowie Walchienfunde aus Äquivalenten der Rambiner Schichten im nördlichen Festlandsbereich.

Schichtenfolgen des Namurs

in Tafeldeckgebirgsentwicklung liegen bisher nur aus zwei Bohrungen im küstennahen Festlandsbereich sowie einem Aufschluß im Zentralteil der Senke vor. Biostratigraphisch belegt sind Namur B (Marsdenian und Kinderscoutian), der Namur A/B-Grenzbereich (Kinderscoutian/Alportian) sowie fragliches höchstes Namur A (vgl. SCHMIDT & FRANKE 1979). Trotz teilweise durchgehender Profile wurden bisher weder Namur C noch der Hauptteil des Namur A angetroffen. Ob hier primäres Fehlen, intraoberkarbonische Erosionsdiskordanzen oder störungsbedingter Ausfall vorliegen, läßt sich nicht sicher entscheiden.

Lithologisch setzt sich das 550 bis 600 m mächtige Namur B (einschließlich der basalen Übergangsschichten zum Namur A) aus einer Wechsellagerung von schwarzgrauen bis schwarzen, oft Pyrit führenden Tonsteinen, grauen bis dunkelgrauen Siltsteinen sowie grauen, vereinzelt Konglomeratlagen enthaltenden Sandsteinen zusammen. Eine Kohleführung (dm-mächtige Flözchen) tritt im unteren Teil des Kinderscoutian der beckenrandnah gelegenen Bereiche auf. Stratigraphisch wichtig sind brackische und insbesondere marine Horizonte. Sie führen *Bilinguites bilinguis* (SALTER), *Reticuloceras* cf. *reticulatum* (PHILLIPS), *Reticuloceras subreticulatum* (FOORD), *Vallites henkei* (H. SCHMIDT) und andere Formen (vgl. WEYER, 1979).

Das noch in die variszische Faltung einbezogene Namur A am Südrand der Senkungszone entwickelte sich kontinuierlich, ohne erkennbaren lithologischen Wechsel, aus den flyschoiden Grauwacke-Siltstein-Tonstein-Wechsellagerungen des höheren Unterkarbons. Fossilmäßig exakte Datierungen liegen nur aus Übertageaufschlüssen im Gebiet des Flechtinger Höhenzugs vor (WEYER 1975). In Analogie zur dortigen Ausbildung werden die in Bohrungen der Altmark und Nordbrandenburgs angetroffenen präpermischen Grauwacken, Grauwackensandsteine, Siltsteine und Tonsteine (vgl. GLUSCHKO, DIKENSTEJN, SCHMIDT & GOLDBECHER 1976) mit Vorbehalten ebenfalls ins Namur A gestellt. Die regionalgeologische Position dieser Aufschlüsse, ihre tektonische Stellung sowie einige lithologisch-petrographische und paläontologische Kriterien rechtfertigen diese Einstufung.

Die Verbreitungsgrenzen des Namurs sind nicht exakt faßbar. Als südliche Begrenzung des flyschoiden Namur A wird eine Linie vom nordwestlichen Oberharz über den Südostabschnitt des Flechtinger Höhenzugs, Brandenburg, Oranienburg (nördlich von Berlin) nach Frankfurt/Oder angenommen. Namur B und Namur C (?) wären entsprechend der vorlandwärtigen Verlagerung der Sedimentationströge weiter nördlich, etwa im Raum Stendal—Eberswalde, zu erwarten, sind heute jedoch durch hochoberkarbonische Hebungsvorgänge weitgehend erodiert. Im N rücken die Grenzen der einzelnen Namurstufen offensichtlich wesentlich enger zusammen. Nach gegenwärtigem Aufschlußstand (Fehlen auf Mittelrügen, Nachweis im küstennahen Raum des Festlands) sind sie auf Südrügen sowie in den westlich bzw. östlich angrenzenden Aquatorialbereichen der Ostsee zu suchen.

Das Westfal A

ist in annähernd vollständiger Entwicklung bisher nur vom nördlichen Festland bekannt. Es besteht aus dunkel- bis schwarzgrauen Tonsteinen, die zu variierenden Anteilen mit grauen, teilweise auch grünlichgrauen Silt- und Sandsteinkomplexen wechsellagern. Die Kohleführung ist im allgemeinen nur gering (einzelne, maximal 0,4 m mächtige Flözchen). Marine bzw. brackische Horizonte kommen vor, treten aber an Häufigkeit gegenüber den Verhältnissen im Namur zurück. Für die Grobkorrelation sind konglomeratführende Folgen in den Hangendabschnitten (Hiddenseeschichten) von Bedeutung. Die stratigraphische Einstufung erfolgt vor allem nach Makro- und Mikrofloren (DABER 1963, 1969; DÖRING 1975).

Die Mächtigkeiten erreichen in den Aufschlüssen des nördlichen Festlands Werte zwischen 500 und 600 m. Auf Mittelrügen-Nordhiddensee greift die Sedimentation erst im höheren Westfal A über, so daß hier nur maximal 60 m erreicht werden.

Das Westfal B

beginnt im allgemeinen mit einer grau bis grauschwarz gefärbten siltsteinreichen Tonstein-Sandstein-Wechsellagerung (Wieker Schichten), der sich zum Hangenden hin eine sandsteinärmere Partie von Tonsteinen und Siltsteinen (Lohmer Schichten) anschließt. Bemerkenswert ist eine verstärkte Kohleführung. Auf Rügen konnten bisher 8, auf dem Festland bis zu 14 Einzelflözchen mit Maximalmächtigkeiten von 0,8 bis 1,2 m festgestellt werden. Lithologische Besonderheiten stellen sideritische und kalzitische Horizonte dar. Biostratigraphisch wichtig sind wiederum Makro- und Mikrofloren. Für die Parallelisierung der Oberkarbonprofile Rügens mit denen des Festlands bieten sich darüber hinaus zwei Brackwasserhorizonte der Wieker Schichten an.

Mit dem Westfal B erreicht der oberkarbonische Ablagerungsraum in nördlicher Richtung seine größte Ausdehnung. Bis auf Nordrügen war das gesamte Gebiet von Rügen—Hiddensee in die Sedimentation einbezogen. Die Mächtigkeiten betragen hier 80 bis 110 m, weiter südlich (Barth 1, Greifswald 1 u. a.) bis zu 210 m.

Für das Westfal C

ist eine tonsteinreiche Wechsellagerung von Sandsteinen, Siltsteinen und Tonsteinen kennzeichnend, die in ihrem unteren Profilteil (Untere Jasmunder Schichten) noch überwiegend grau, in den oberen Abschnitten (Obere Jasmunder Schichten) dagegen zum größten Teil rotbraun bis braun gefärbt ist (Übergang Graue Folge/Rote Folge, sogenannte „Übergangsfolge"). Bemerkenswert ist, daß von Rügen in Richtung auf das Festland der Sandanteil auf Kosten der Silt- und Tonkomponente zunimmt. Darüber hinaus sind geringe Kohleführung, einzelne Geröllhorizonte, tuffitische (?) Bildungen, eine auf Rügen beschränkte Sideritführung sowie schwache Kalkgehalte in den Tonsteinen besonders zu erwähnen.

Die Untergrenze von Westfal C ist mit dem Äquivalent des marinen Ägirhorizonts exakt faßbar. Dieser Horizont konnte in den Profilen Rügens mehrfach nachgewiesen werden. Auf dem Festland fehlt bislang der faunistische Beleg. Hier gelang die Parallelisierung auf lithologischem Weg (karbonatführende Tonsteinlagen) sowie mit Hilfe biostratigraphischer Kriterien (relativ reiche Pflanzen- und Sporenführung mit Westfal B- und Westfal C-Formen in den Liegend- bzw. Hangendschichten).
Die Mächtigkeiten des Westfal C erreichen auf Rügen—Hiddensee 240 bis 360 m, auf dem Festland 470 bis 660 m. Das Mächtigkeitsmaximum liegt nach gegenwärtigem Kenntnisstand im Bereich des Darß (Bohrung Prerow 1).
Das Westfal D beginnt mit einem 35 bis 70 m mächtigen Sandsteinkomplex (Dornbuschsandstein), der auf Grund seiner regional über größere Entfernung verfolgbaren charakteristischen Ausbildung einen wichtigen Leithorizont darstellt. Er geht zum Hangenden hin in stärker siltig-tonige Serien (rotbraune bis braune, selten auch noch graue Sandstein-Siltstein-Tonstein-Wechsellagerung der Dornbusch-Schichten) über, die ihrerseits von einer teilweise karbonatführenden Folge von Sandsteinen, Siltsteinen und Tonsteinen (Trenter Schichten) überlagert wird. Faziell von Bedeutung ist, daß innerhalb der Dornbusch-Schichten auf Mittelrügen letzte Anzeichen geringmächtiger Kohleflözchen (Ende der flözbildenden Prozesse auf dem Festland bereits in den Oberen Jasmunder Schichten) sowie in den Trenter Schichten noch Hinweise auf kurzzeitige marine Einflüsse (cf. *Ophthalmichnium ophthalmoides*, Foraminiferen) auftreten.
Paläontologische Belege für eine biostratigraphische Einstufung sind selten. In den Trenter Schichten Rügens (Bohrung Trent 1) wurde *Pecopteris integra* (hohes Westfal C bis Westfal D/Stefan) nachgewiesen. Auch scheinen die Funde von *Sphenophyllum emarginatum* in den Dornbusch- und Trenter Schichten sowie eine Sporengesellschaft mit *Vestipora fenestrata* in den Basisbereichen des Dornbuschsandsteins (DÖRING) auf Westfal D-Alter hinzuweisen. Schließlich kann aus der Lage im Profil oberhalb der Westfal C-Floren führenden Oberen Jasmunder Schichten auf Westfal D geschlossen werden. Damit dürfte eine annähernd kontinuierliche Abfolge Westfal C—Westfal D heute weitgehend gesichert sein.

Die Mächtigkeit des Westfals D würde auf Rügen 260 bis 330 m, auf dem Festland ca. 280 bis 420 m betragen.

Stefan

Als jüngste Einheiten des Oberkarbons wurden von HIRSCHMANN, HOTH & KLEBER (1975) die Rambiner Schichten (Wechsellagerung vorwiegend rotbrauner Sand-, Silt- und Tonsteine) und die Mönchguter Schichten (konglomeratführende Sandstein-Tonstein-Wechselfolge) ausgeschieden. Ihre Zuordnung zum Stefan basiert auf Walchienfunden in den Rambiner Schichten der Bohrungen Greifswald 1 und Richtenberg 4 sowie auf der Position im Liegenden der Autunvulkanite.

Beide Kriterien sind allerdings nicht restlos beweiskräftig. Zum einen treten nach neueren Untersuchungsergebnissen walchienähnliche Blattreste vereinzelt bereits in wesentlich älteren Schichtfolgen (Westfal B Englands, vgl. SCOTT 1975) auf, zum anderen ist die Gleichsetzung der Untergrenze des Vulkanitkomplexes mit der Basis des Perms lediglich eine aus praktischen Erwägungen heraus getroffene Konvention.
Die Mächtigkeiten von Rambiner und Mönchguter Schichten liegen auf Rügen bei 250 bis 310 m, im Festlandsbereich bei 460 bis 480 m. Lokal (z. B. Raum Richtenberg) sind beide Schichtglieder vollständig erodiert bzw. in ihren oberen Profilabschnitten gekappt. Auch zwischen Rambiner und Mönchguter Schichten bzw. innerhalb der Mönchguter Schichten sind Erosionsdiskordanzen an der Basis der Konglomeratfolgen nicht auszuschließen. Vielleicht liegt die Karbon/Permgrenze in diesem Niveau, so daß die heute noch generell als Stefan ausgewiesenen Hangendabschnitte der Mönchguter Schichten in das tiefste Autun zu stellen wären.

Trotz des in den letzten 10 bis 15 Jahren erreichten bedeutenden Kenntnisfortschritts bleiben zahlreiche Fragen der lithologisch-faziellen Ausbildung des Präperms im Nordteil der DDR nach wie vor ungeklärt. Dies trifft regional vor allem für die tief versenkten beckenzentral gelegenen Bereiche, stratigraphisch insbesondere für die älteren, präkarbonischen Einheiten zu. Durch zielgerichtete Forschungsarbeiten werden jedoch auch in den Folgejahren unsere Kenntnisse über den Tiefenbau der Nordostdeutschen Senke kontinuierlich erweitert und damit die heute noch offenen Probleme einer Klärung schrittweise nähergebracht werden.

Zusammenfassung

Durch zahlreiche Tiefbohraufschlüsse wurde der Kenntnisstand über die lithologisch-fazielle Ausbildung des Präperms im Nordteil der DDR in den letzten 15 Jahren beträchtlich erweitert. Die ältesten Schichtenfolgen, die bisher nachgewiesen wurden, gehören dem Ordovizium an (> 1500 m). Sie werden diskordant (kaledonische Schichtlücke) von den vorwiegend kontinental entwickelten Serien des Old Red (hohes Unterdevon und Mitteldevon, bis 1800 m) überlagert. Ihnen folgen, beginnend mit der Givettransgression, marine mergelig-karbonatisch-tonige Sedimente (hohes Mitteldevon und Frasnes, bis 1600 m). Nach kurzzeitiger Regression im Famenne (50 bis 130 m dolomitisch-mergelig-sandige Gesteine) kam es, eingeleitet bereits im Etroeungt, zur Bildung des unterkarbonischen „Kohlenkalks" und seiner Äquivalente (bis 2000 m vorwiegend mergelig-kalkige Schichten). Mit den im Zuge der variszischen tektogenetischen Bewegungen erfolgten regionalen Heraushebungen und Regressionen gelangten in zeitlich-räumlicher Aufeinanderfolge marine (Namur A, > 700 m), paralische (Namur B—Westfal B, 160—1300 m) und kontinentale Serien (Westfal C—Stefan, 950—1600 m) zur Ablagerung.

Резюме

Многочисленными глубокими скважинами стало возможно в прошедших 15 лет значительно расширить уровень знания о литологическо-фациальном образовании доперми в северной части ГДР. Древнейшие, до сих пор доказанные серии пластов относятся к ордовику (1500 м). Они несогласно перекрыты (каледонский перерыв) преимущественно терригенно развитыми сериями Ольд Рэда (верховье нижнего девона и средний девон, до 1800 м). На них следуют, начиная с трансгрессией живета, морские мергелисто-карбонатно-глинистые отложения (верховье среднего девона и франского, до 1600 м). После коротковременной регрессии в фаменском веке (50—130 м доломитово-мергелисто-песчанные породы) происходилось, начиная уже в этранже, к образованию нижне-каменноугольного „угольного известняка" и его эквивалентов (до 2000 м преимущественно мергелисто-известковые пласты). В ходе варисцийских тектогенетических движений происходило региональные поднимания и отлогались регрессии в временно-пространственной последовательности в виде морских (намюр А, 700 м), паралических (намюр Б-вестфаль Б, 160—1300 м) и терригенных серий (вестфаль В-стефан, 950—1600 м).

Summary

As a result of numerous deep-boring exposures the state of knowledge of the lithological-facial development of the Pre-Permian in the north of the G.D.R. has considerably been extended in the past 15 years. The oldest successions of beds so far demonstrated pertain to the Ordovician (> 1,500 m.) They are unconformably (Caledonian stratigraphical break) overlain by mainly continentally developed Old Red series (high Lower Devonian and Middle Devonian, up to 1,800 m), and are followed, beginning with the Givetian transgression, by marine marly-carbonate-argillaceous sediments (high Middle Devonian and Frasnian, up to 1,600 m). After a short-time regression in the Famennian (50 to 130 m of dolomitic-marly-sandy rocks), and already initiated during the Etroeungtian, the Lower Carboniferous "Kohlenkalk" and its equivalents (up to 2,000 m mainly marly-liny beds) were formed. With regional uplifts and regressions taking place in the course of Variscan tectogenetic movements marine series (Namurian A, > 700 m), paralic ones (Namurian B to Westphalian B, 160 to 1,300 m), and continental ones (Westphalian C to Stephanian, 950 to 1,600 m) were successively deposited.

Literatur

BOCHMANN, M.; SCHMIDT, K.: Der Einfluß der sowjetischen Geologie auf die Entwicklung der Erdöl- und Erdgasgeologie in der DDR. — Z. angew. Geol., 18, Beil. z. H. 12, VII-X, Berlin 1972.

DABER, R.: Paläobotanische Hinweise auf eine paralisch beeinflußte Oberkarbon-Senke im tieferen Untergrund Nordostdeutschlands. — Geologie, 12, 683—699, Berlin 1963.

— Paläobotanische Hinweise auf eine paralisch beeinflußte Oberkarbon-Senke im tieferen Untergrund Nordostdeutschlands, II. — Geologie, 18, 253—297, Berlin 1969.

DÖRING, H.: Sporostratigraphische Untersuchungen im unteren Bereich des Siles („Graue Folge") aus dem Raum Nordhiddensee. — Z. geol. Wiss., 3, 7, 997—1015, Berlin 1975.

FRANKE, D.: Der erste Aufschluß im tieferen Paläozoikum Norddeutschlands und seine Bedeutung für die tektonische Gliederung Mitteleuropas. — Jb. Geol., 1 (1965), 119—165, Berlin 1967 (1967a).

— Zu den Varisziden und zum Problem der Kaledoniden im nördlichen Mitteleuropa. — Ber. dt. Gesellsch. geol. Wiss., A, 12 1/2, 83—140, Berlin 1967 (1967b).

GLUSCHKO, W. W.; DIKENSTEIN, G. CH.; SCHMIDT, K.: Die Kaledoniden der Insel Rügen (russ.). — Dokl. AN SSSR, 214, 885—888, Moskau 1974.

GLUSCHKO, W. W.; DIKENSTEIN, G. CH.; SCHMIDT, K.; GOLDBECHER, K.: Zur tektonischen Rayonierung des Nordteils der DDR nach dem Alter des gefalteten Untergrunds. — Jb. Geol., 7/8 (1971/72), 7—13, Berlin 1977.

HIRSCHMANN, G.; HOTH, K.; KLEBER, F.: Die lithostratigraphische Gliederung des Oberkarbons im Bereich der Inseln Rügen und Hiddensee. — Z. geol. Wiss., 3, 7, 985—996, Berlin 1975.

HOFFMANN, N.; LINDERT, W.; WEYER, D.; ILLERS, K. H.: Zum Unterkarbon-Vorkommen auf den Inseln Rügen und Hiddensee. — Z. geol. Wiss., 3, 7, 851—873, Berlin 1975.

JAEGER, H.: Ordoviz auf Rügen. Datierung und Vergleich mit anderen Gebieten. — Ber. dt. Gesellsch. geol. Wiss., A, 12, 1/2, 165—176, Berlin 1967.

SCHMIDT, K.; FRANKE, D.: Stand und Probleme der Karbonforschung in der Deutschen Demokratischen Republik. Teil I: Unterkarbon. — Z. geol. Wiss., 3, 7, 819—849, Berlin 1975.

— Das Präperm der übertiefen Forschungsbohrung Parchim 1. — Jb. Geol., 13 (1977) Berlin 1979.

SCHMIDT, K.; KRULL, P.: Lithologie und Paläogeographie des Oberkarbons in Nordwest- und Mitteleuropa. — Jb. Geol., 11/12, (1975/76) Berlin 1978.

SCOTT, A. C.: Walchia-like leaves from the British Westphalian B; a first record of conifers? — VIII. Internat. Congr. Carbonif. Stratigr. Geol., Abstracts of Papers, 246—247, Moskau 1975.

WEYER, D.: Biostratigraphie des Magdeburg-Flechtinger Kulms. — Z. geol. Wiss., 3, 5, 547—589, Berlin 1975.

— Fauna und Biostratigraphie des Namur der Bohrung Parchim 1. — Jb. Geol., 13, Berlin 1979.

Zur Erdöl- und Erdgashöffigkeit der miogeosynklinalen Zonen von Faltungsgebieten

JUDIN, G. T., UdSSR; KATZUNG, G., Berlin; SOLOWJOW, B. A.; TSCHERNISCHOW, S. M., UdSSR

Bis in die jüngste Zeit ist den miogeosynklinalen Zonen von Faltungsgebieten hinsichtlich ihrer Erdöl- und Erdgasperspektivität wenig Aufmerksamkeit geschenkt worden. Die bisher erzielten Ergebnisse von Such- und Erkundungsarbeiten bezeugen jedoch, daß sie für die Suche von Erdöl- und Erdgaslagerstätten interessant sein können. Im Unterschied zu den zentralen Teilen der Faltungsgebiete sind sie durch geringere tektonische Beanspruchung der Gesteine, keine oder relativ schwache magmatische Aktivitäten und das Auftreten von solchen Ablagerungen gekennzeichnet, die denen der Vorsenken und Tafeln weitgehend gleichen. Trotz übereinstimmender Formierungsbedingungen weisen sowohl altersgleiche als auch vor allem altersverschiedene miogeosynklinale Zonen abweichende Züge im Aufbau auf. Diese wie auch die Erdöl-Erdgasführung werden im folgenden anhand einiger ausgewählter, durch langjährige Untersuchungen und umfangreiche Publikationen hinreichend bekannter Beispiele erläutert. Dazu gehören die paläozoische Miogeosynklinale an der Westflanke des Südurals, die hinsichtlich ihrer regional-tektonischen Position besonders interessante Miogeosynklinale am Nordrand des Donbass und die alpidische Miogeosynklinale des nordwestlichen Kaukasus.

Westflanke des Südurals

Diese Faltungszone liegt zwischen der Uralvorsenke im W und dem Uraltauantiklinorium im E (Abb. 1). Der innere Bereich derselben wird vom Silairsynklinorium und dem südlichen Teil des Baschkirischen Megaantiklinoriums eingenommen, die aus Ablagerungen des Devons und älteren Paläozoikums bzw. des Präkambriums aufgebaut sind. An diese tektonischen Einheiten schließt westwärts ein schmaler Streifen mit zutage ausstreichendem Karbon und Unterperm sowie untergeordnet älterem Paläozoikum und Oberem Wendium an, welcher ein System sogenannter Vorfalten bildet. Früher wurde diese Vorfaltenzone als Grenze zwischen der Uralvorsenke und dem gefalteten Ural angesehen. Durch den Nachweis schuppenartiger Überschiebungen an der Westflanke des Urals und der für Randsenken charakteristischen Formationen unter dem tektogenen Komplex der Vorfalten wird gegenwärtig die Vorfaltenzone von der Mehrzahl der Bearbeiter zum inneren Teil der Vorsenke gerechnet, obwohl auf Grund des allochthonen, deckenartigen Baus dieser Zone und des fließenden Übergangs nach E ein unmittelbarer Zusammenhang mit den Strukturen an der gefalteten Westflanke des Südurals besteht.

Eingang des Manuskripts in der Redaktion: 18. 4. 1977.

Die Vorfaltenzone

ist durch einen unterschiedlichen Bau des nördlichen und südlichen Teils gekennzeichnet. Die Grenze verläuft auf der Höhe des periklinalen Abschlusses des Baschkirischen Megaantiklinoriums, wo große Überschiebungen ausgebildet sind und ein Fazieswechsel in den Ablagerungen des oberen Paläozoikums erfolgt.

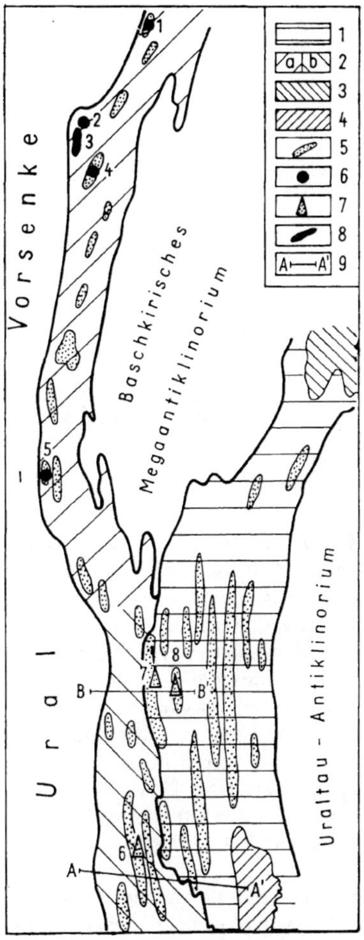

Abb. 1. Strukturelle Gliederung der Westflanke des Südurals und Erdöl-Erdgasanzeichen (nach OWANESOW u. a. 1963 und KAMALETDINOW u. a. 1966)

1 – Silairsynklinorium; 2 – Vorfaltenzone (a – nördlicher Teil, b – südlicher Teil); 3 – Krakamassiv; 4 – Sakmarazone; 5 – Konturen der Antiklinalen; 6 – Erdölanzeichen; 7 – Erdgasanzeichen; 8 – Erdöllagerstätten; 9 – Schnittlinien

Antiklinalen: 1 – Archlatysch, 2 – Pawlowo, 3 – Tabynsk, 4 – Krasnousol, 5 – Chlebodar, 6 – Bogdanowka, 7 – Muradymowo, 8 – Astasch

Der nördliche Teil der Vorfaltenzone am abtauchenden Westrand des Baschkirischen Megaantiklinoriums ist 8 bis 12 km breit. Die Abfolge beginnt mit dem oberen Wendium (Aschaserie). Das bis über 1000 m mächtige Profil wird vorwiegend aus tonigschiefrigen und sandig-aleurolitischen Gesteinen aufgebaut; im unteren und mittleren Teil sind sandige und konglomeratische Pakete von 100 bis 150 m Mächtigkeit eingeschaltet. Das transgressiv auflagernde Paläozoikum setzt mit dem geringmächtigen terrigen-dolomitischen Silur ein. Darüber folgt eine über 600 m mächtige Serie vorwiegend karbonatischer Gesteine des Mittel- und Oberdevons. Terrigene Sedimente bilden einzelne Horizonte in verschiedenen Niveaus des Profils; die mächtigsten (bis zu 100 m) treten an der Basis des Mitteldevons auf. Das Karbon, mit einer Mächtigkeit bis zu 1300 m, setzt sich aus Kalksteinen und Dolomiten zusammen; sandig-tonige Ablagerungen sind sporadisch ausgebildet. Das geringmächtige (70 bis 80 m) Oberkarbon (~ Stefan) weist flyschoide Züge auf. Das Profil schließt mit dem Unteren Perm ab: Kalksteine des Assel (bis zu 100 m) sowie Molassen des Sakmara und Artinsk (bis zu 1800 m). Das Devon-Karbon-Profil gleicht nach Mächtigkeit und Lithologie weitgehend dem in der Vorsenke und auf der westlich anschließenden Osteuropäischen Tafel.

Die Strukturen besitzen unterschiedliche Formen. Im E sind schmale (3 bis 4 km), linear gestreckte (20 bis 40 km) Antiklinalen mit Amplituden bis zu 700 m entwickelt. Die Falten haben einen asymmetrischen Bau mit steileren Westschenkeln und sind tektonisch gestört. Im W überwiegen lineare Falten und Brachyantiklinalen mit geringeren Dimensionen (Längsachsen 10 bis 15 km und Amplituden 100 bis 200 m). Sie weisen unterschiedlich starke Westvergenz auf und sind oft durch Aufschiebungen und Überschiebungen gestört.

Der südliche Teil der Vorfaltenzone erstreckt sich am Westrand des Silairsynklinoriums. Der Hauptteil des Profils wird hier durch mächtigen karbonischen und unterpermischen Flysch vertreten, der sich ganz überwiegend aus terrigenen Gesteinen zusammensetzt. Es handelt sich um eine vielfache Wechsellagerung toniger, aleurolitischer, sandiger sowie untergeordnet kiesiger Lagen. Karbonatische Ablagerungen treten weitestgehend zurück. Unter dem überschobenen flyschoiden Karbon wurden verschiedentlich Karbonablagerungen gleichen Alters, aber andersartiger Fazies angetroffen, und zwar vorwiegend Kalksteine vom Tafeltyp. Unter den Überschiebungen sind weiterhin karbonatische Serien des Devons und sandig-tonige Gesteine des Silurs und Ordoviziums entwickelt (Abb. 2).

Die Falten des oberen Strukturkomplexes zeigen ebenfalls beträchtliche Längserstreckungen (bis zu 40 km bei einer Breite von 3 bis 5 km) und große Amplituden (bis zu 1000 m). Sie sind asymmetrisch, mit steileren, oft überkippten Westschenkeln und bezeugen bedeutende tektonische Einengungsvorgänge. Die unter der Überschiebung liegenden Serien weisen einen einfacheren Bauplan auf; es sind Hochlagen vom Tafeltyp ausgebildet. Zwischen unterem und oberem Strukturkomplex besteht auch hinsichtlich der Lage und der Anordnung der Antiklinalen eine ausgesprochene Diskonformität.

Das Silairsynklinorium

stellt eine bis zu 35 km breite und 320 km lange Strukturzone erster Ordnung dar, in welcher ausschließlich prämittelkarbonische (~ präwestfälische) Ablagerungen des Paläozoikums ausstreichen. Das Profil beginnt mit sandig-tonigem Ordovizium (im W sind karbonatische Einlagerungen vorhanden) und vorwiegend kieselig-pelitischem sowie karbonatischem Silur von einer Gesamtmächtigkeit bis zu 700 m. Das Unter- und Mitteldevon sowie das Frasne sind im westlichen Teil des Synklinoriums als fast 2000 m mächtige Riffserie entwickelt. Im zentralen und östlichen Teil sind Unterdevon und Eifel durch sandig-tonige Ablagerungen vertreten; Karbonate haben hier eine untergeordnete Bedeutung. Darüber lagert insgesamt eine bis zu 3000 m mächtige flyschoide Grauwacken-Tonschiefer-Serie, die Silairfolge. Im zentralen und östlichen Teil umfaßt sie zeitlich den Abschnitt Givet bis Tournai, am Westrand Famenne bis unteres Visé. Am Westrand des Silairsynklinoriums wurden unter der nach W überschobenen Silairfolge karbonatische Serien des Unterkarbons (Namur, Visé, Tournai) und Oberdevons erbohrt.

Sowohl nach ihren lithologischen Merkmalen (Rhythmite mit allen Kennzeichen von Turbiditen) als auch hinsichtlich der tektonischen Deformation (Schieferung und Faltenbau) gleicht die Silairserie auffallend dem oberdevonisch-unterkarbonischen Kulm der mitteleuropäischen Varis-

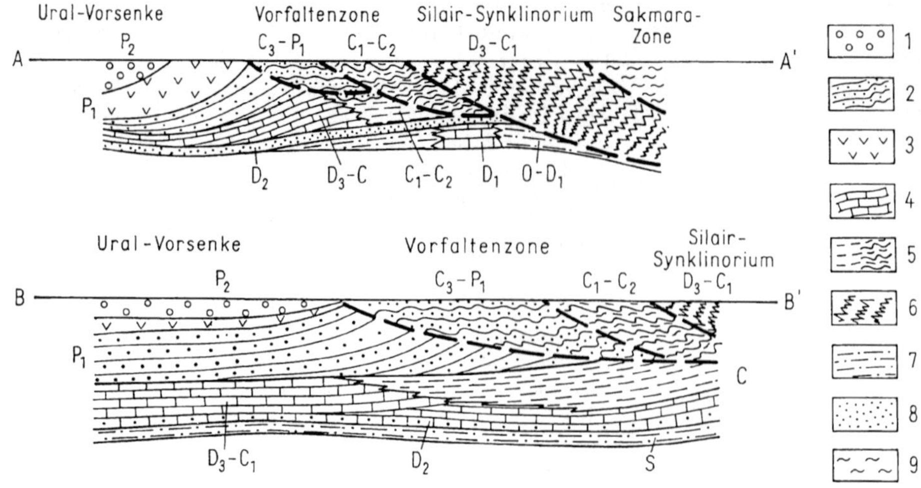

Abb. 2. Überschiebungs- und Deckenbau an der Westflanke des Südurals (Schnitt A—A′ nach WARENZOW u. a. 1973; Schnitt B—B′ nach AKSENOWA u. a. 1973)

Formationen: 1 — Rote Molassen (P_2), 2 — Graue Molassen (C_3-P_1), 3 — Salinar (P_1), 4 — Karbonate (D_2-P_1), 5 — Karbonflysch (C_1-C_2), 6 — Silairflysch (D_3-C_1), 7 — Schiefer ($O-D_1$), 8 — Sandsteine (D_2), 9 — Melange (Sakmarazone)

ziden (Thüringisches Schiefergebirge, Harz). Des weiteren besteht Übereinstimmung in bezug auf die Materialschüttung und das „Wandern" der Flyschfazies aus den zentralen in die peripheren Bereiche des späteren Tektogens — wenn in die Analyse das östlich des Uraltau-Antiklinoriums gelegene Magnitogorsk-Synklinorium mit analoger Silairfolge einbezogen wird.

Die größten Strukturelemente des Silairsynklinoriums sind das Krakamassiv im N und die Sakmarazone im S. Krakamassiv und Sakmarazone mit eugeosynklinalem Ordovizium, Silur und Devon einschließlich initialen Vulkaniten und Ultrabasiten bilden Fremdkörper im Verbreitungsgebiet miogeosynklinaler Serien des Silairsynklinoriums. Sie werden heute als Decken gedeutet, die der Silairfolge auflagern, mit dieser verfaltet und geschiefert wurden und demzufolge älter als die Hauptfaltung sind. An der Basis der Decken liegt in der Regel eine Mylonitzone. Die Sakmarazone stellt insgesamt eine riesenhafte tektonische Brekzie, eine sogenannte Melange dar, die sich von der Silairfolge durch ihr sehr bewegtes Relief auch morphologisch deutlich abhebt. Das Krakamassiv besteht aus mehreren relativ flach liegenden Schuppen. Die Decken der Wurzeln sind sehr wahrscheinlich östlich des Uraltauantiklinoriums zu suchen.

Das Silairsynklinorium selbst bildet einen Vergenzfächer: im W herrschen westvergente, im E ostvergente Falten vor. Es treten sowohl linear gestreckte (bis 40 km lange) als auch gestauchte (2 bis 7 km lange) Falten auf, deren Amplituden in Einzelfällen 700 bis 1000 m erreichen können. Für viele Falten sind schwach disharmonischer sowie durch Verwerfungen und Überschiebungen komplizierter Bau kennzeichnend. Die Veränderung der Strukturpläne in der Vertikalen ist noch nicht endgültig geklärt; am aufgeschobenen Westrand des Synklinoriums kann jedoch mit der Tiefe ein Übergang von schmalen, steilen und asymmetrischen Falten zu flacheren Hochlagen festgestellt werden.

Im Baschkirischen Megaantiklinorium

streicht eine bis über 15 km mächtige gefaltete und verschuppte Abfolge des Archaikums, älteren Proterozoikums, Riphäikums und Wendiums aus. Sie wird überwiegend aus klastischen Ablagerungen aufgebaut, in welche karbonatische Gesteine und Vulkanite eingeschaltet sind, und die infolge Änderung der Strukturpläne durch Lücken und Diskordanzen deutlich untergliedert ist. Hier liegen die Typusgebiete des Riphäikums, dessen biostratigraphische Gliederung besonders durch Stromatolithen gesichert ist. Das Obere Wendium (s. o.) wird als baikalische Molasse angesprochen. Das Baschkirische Megaantiklinorium besteht aus mehreren NNE—SSW streichenden Antiklinorien und Synklinorien sowie Deckenschuppen.

Seit etwa 20 Jahren werden an der Westflanke des Südurals Sucharbeiten auf Erdöl und Erdgas durchgeführt. Funde von industrieller Bedeutung waren in diesem Zeitraum nicht zahlreich. Im Ergebnis dieser Untersuchungen wurden jedoch Angaben erhalten, die die Perspektivität der einzelnen stratigraphischen Komplexe des Profils belegen.

Im Nordteil der Vorfaltenzone konnten in verschiedenen Horizonten des Karbons und Devons Anzeichen einer Erdölführung festgestellt werden (Abb. 1). Auf der Struktur Archlatysch wurde Erdölsättigung in einzelnen Sandsteinlagen der Alatauserie des Unterkarbons nachgewiesen. Ein analoges Bild ergab sich auf der Struktur Tabynsk für die Basissandsteine des Mitteldevons (Takatinskhorizont). Die gleichen Sandsteine enthalten auf der Struktur Krasnousol Erdöl; außerdem wurden hier erdölführende Sandsteine an der Basis des Oberdevons und mit Erdöl getränkte klüftig-poröse Kalksteine und Dolomite im Unter- und Mittelkarbon ermittelt. Auf der Struktur Chlebodar wurde ein geringer Zufluß von Erdöl mit einer spezifischen Dichte von 0,896 aus kavernös-klüftigen Kalksteinen des Unterkarbons und Oberdevons erzielt.

Auf zwei Strukturen im Nordteil der Vorfaltenzone ist die industrielle Erdölhöffigkeit des Ober- und Mitteldevons gesichert. Auf der Struktur Tabynsk, die eine Amplitude von mehr als 300 m besitzt und durch eine flache, nach E einfallende Aufschiebung kompliziert ist, wurden Erdölzuflüsse in dem unter der Aufschiebung liegenden Teil aus den Ablagerungen des Frasne (Förderrate = 84 m^3/d, spezifisches Gewicht = 0,904) und des Mitteldevons (Erdölförderrate = 4,5 m^3/d, spezifisches Gewicht = 0,941 und 62 m^3 Wasser/d) erhalten. Im aufgeschobenen Teil der Struktur sind die Ablagerungen des Eifel produktiv (Erdölförderrate = 48 m^3/d, spezifisches Gewicht = 0,925). Die klüftigen Kalksteine des unter der Aufschiebung liegenden und des aufgeschobenen Teils der Struktur sind sehr wahrscheinlich hydrodynamisch miteinander verbunden und bilden eine einheitliche Lagerstätte mit einem Erdöl-Wasserkontakt bei 1420 m Teufe; die erdölführende Etage hat eine Höhe von 350 m. Auf der im NW an die Struktur Tabynsk angrenzenden Struktur Pawlowo, mit einer

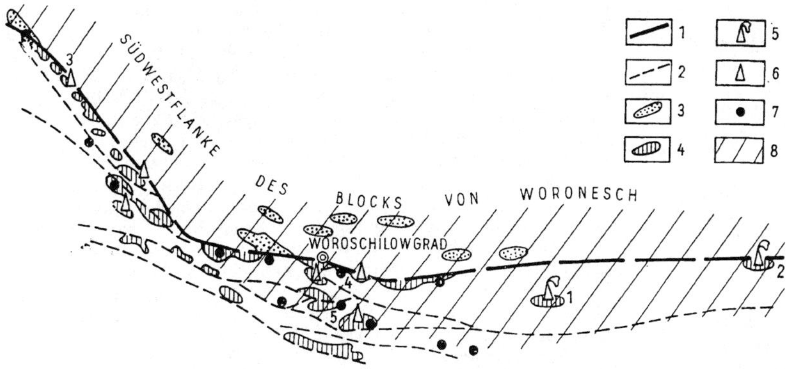

Abb. 3. Verteilung der Antiklinalen und der Erdöl-Erdgasanzeichen am Nordrand des Donbass sowie an der Südwestflanke des Blocks von Woronesch (nach MURITSCH 1973 und DWURETSCHANSKI u. a. 1974)

1 – Störungssystem der Sewerodonezkaufschiebung, 2 – Aufschiebungen in der „Kleinfaltenzone", 3 – Erdgaslagerstätten an der Südwestflanke des Blocks von Woronesch, 4 – Antiklinalen der „Kleinfaltenzone", 5 – Erdgaslagerstätten am Nordrand des Donbass, 6 – Erdgasanzeichen in Bohrungen, 7 – Erdölanzeichen am Kern, 8 – Verbreitung mesozoischer und känozoischer Ablagerungen

Lokalitäten: 1 – Lagerstätte Astachowsk, 2 – Lagerstätte Skosyrsk, 3 – Kuppel von Tomaschewsk, 4 – Kuppel der Synklinale von Nowoswetlowka, 5 – Synklinale von Lutugino

Amplitude bis zu 100 m, sind die Kalksteine des Frasne produktiv (Erdölförderrate = 23 m^3/d).

Im Südteil der Vorfaltenzone sind keine bemerkenswerten Erdgas- und Erdölanzeichen festgestellt worden. Nur auf der Struktur Bogdanowka ist beim Durchteufen von Flyschgesteinen des Karbons Erdgas zugeströmt.

Durch den Nachweis beträchtlicher Überschiebungen und Decken am Westrand des Urals sind auch diejenigen Zonen des eigentlichen Tektogens für die Suche von Erdöl- und Erdgaslagerstätten interessant, die auf die Tafelformationen überschoben wurden. So haben Bohrarbeiten auf der am Westrand des Silairsynklinoriums gelegenen Struktur Muradymowo zu ersten Erfolgen geführt. Hier wurden Gasanzeichen aus Ablagerungen der Silairserie im aufgeschobenen Teil der Struktur in einer Anzahl von Bohrungen ermittelt und in einer von ihnen ein Zustrom trockenen Erdgases von 10000 m^3/d erhalten. Als Speichergesteine treten Sandsteine, Aleurolite und Argillite mit erhöhter Klüftigkeit auf. Das Erdgas besteht vorwiegend aus Methan; der Gehalt von Stickstoff und anderen Gasen beträgt 3 bis 12,1%. In dem unter der Aufschiebung liegenden Teil der Struktur führen Karbonate des Mittelkarbons Erdgas, die unmittelbar den Flysch der Silairserie unterlagern.

Nordrand des Donbass

Eine weitere in diesem Rahmen zu betrachtende tektonische Einheit liegt am Nordrand des gefalteten Donbass, unmittelbar vor dem Block von Woronesch. Im S grenzt diese sogenannte „Kleinfaltenzone" an die gewaltigen linearen Falten im zentralen Gebiet des Donbass; im N wird sie durch das regionale Störungssystem der Sewerodonezkaufschiebung abgeschnitten (Abb. 3).

Die „Kleinfaltenzone" säumt den gefalteten Donbass auf eine Distanz von mehr als 250 km bei einer Breite von 5 bis 25 km. Im südlichen Teil sind mächtige Mulden entwickelt, die sich in einzelnen Fällen über 35 bis 70 km erstrecken. In den Muldenkernen treten Sedimente des Oberkarbons, in den Randbereichen solche des Mittelkarbons auf. Der Bauplan wird durch einige stark ausgeprägte Sättel mit geringeren Dimensionen sowie steil einfallende Brüche mit Sprunghöhen bis zu 300 m modifiziert. Im nördlichen Teil der „Kleinfaltenzone" sind zahlreiche Sättel ausgebildet, die aus Ablagerungen des Unter- und Mittelkarbons, seltener des Oberkarbons bestehen. Sie werden teilweise durch geringmächtiges Mesozoikum und Känozoikum überdeckt. Unter den Faltentypen sind zu Aufschiebungen neigende Antiklinalflexuren, schmale lineare Strukturen, aber auch ovale Brachyantiklinalen und Kuppeln weit verbreitet. In Abhängigkeit vom Faltentyp schwanken die Einfallswinkel der Schenkel von einem bis zu einigen 10er Graden; die Nordflanken der Sättel fallen gewöhnlich steiler ein. In der Regel sind die Schenkel der Falten durch regionale Aufschiebungen mit Sprunghöhen von nicht selten bis 1500 m zerrissen (Abb. 4). Die Dimensionen der Falten betragen 3 bis 15 km × 1,5 bis 5 km, die Amplituden überschreiten gewöhnlich nicht 100 bis 150 m.

Die größte Verbreitung besitzen die Ablagerungen des Mittelkarbons, die aus zyklischen Abfolgen von Sandsteinen, Aleuroliten und Tonschiefern bestehen, in welche relativ geringmächtige Kalksteinlagen und Kohlenflöze eingeschaltet sind. Vor allem letztere treten im Profil gehäuft auf. So sind im oberen Teil der Baschkirischen Stufe 10 bis 47 Kohlenflöze und 16 bis 25 Karbonatsteinhorizonte, in der Moskauer Stufe insgesamt bis zu 70 Kohlenflöze und bis zu 50 Kalksteinlagen nachgewiesen worden.

Die Ablagerungen des Oberkarbons sind nur im südlichen und nordöstlichen Teil der „Kleinfaltenzone" als Erosionsreste erhalten. Das ebenfalls zyklisch aufgebaute Profil des Oberkarbons ist heterogen zusammengesetzt. Es dominieren auch hier terrigene Gesteine. Karbonatsteinhorizonte, deren Mächtigkeit in einzelnen Fällen 20 bis 40 m erreicht, nehmen insgesamt etwa 20% des Profils ein. Die Kohlenflöze sind geringmächtig und nur sporadisch entwickelt.

Die Erdöl- und Erdgassuche

in den karbonischen Ablagerungen am Nordrand des Donbass ist Ende der 50er Jahre aufgenommen worden. Gegenwärtig sind hier 13 Erdgaslagerstätten bekannt, deren Mehrzahl an die Südwestflanke des Blocks von Woronesch gebunden ist (Lagerstätten Borowskoje, Wergunskoje,

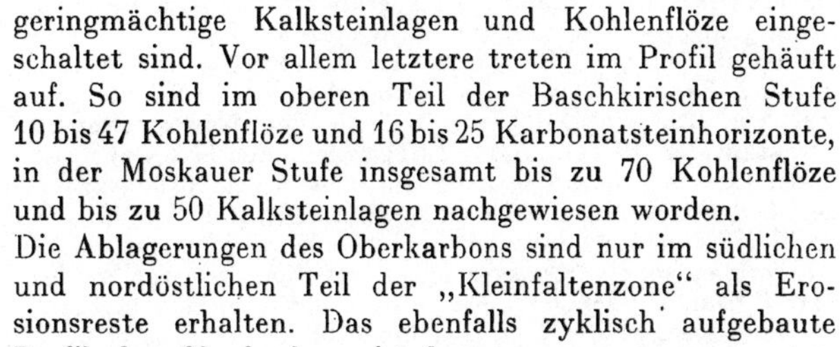

Abb. 4. Schnitt durch die „Kleinfaltenzone" am Nordrand des Donbass im Übergang zum Block von Woronesch (nach MURITSCH 1973)

1 – Karbonatsteinhorizonte, 2 – Kohlenflöze, 3 – Aufschiebungen

Kruschilowskoje, Gratschikskoje und andere). Einzelne Lagerstätten grenzen unmittelbar an die regionale Sewerodonezkaufschiebung (Krasnopopowskoje, Slawjanoserbskoje).

Südlich der Aufschiebung ist die Produktivität des Karbons auf den Hochlagen von Astachowsk und Skosyrsk nachgewiesen worden. Sie liegen in der Zone zwischen der Sewerodonezk-Aufschiebung im N und der Hauptaufschiebung im S. Im Unterschied zu anderen Gebieten der „Kleinfaltenzone" sind hier die karbonatischen Ablagerungen durch eine fast 750 m mächtige Serie tonig-sandiger und karbonatischer Gesteine des Unterperms, der Unteren Trias sowie der Oberkreide überdeckt.

Auf der Lagerstätte Astachowsk führen die in einer Teufe von 1100 bis 1300 m lagernden Sandsteine der Baschkirischen Stufe (Mittelkarbonfolge C_2^4) Erdgas. Es besteht bis zu 97% aus Methan.

Auf der Struktur Skosyrsk (Abb. 5), deren Nordflanke durch die Sewerodonezk-Aufschiebung kompliziert wird, welche mit einem Winkel von 65° nach S einfällt und im Mittelkarbon eine Sprunghöhe bis zu 520 m aufweist, ist die Produktivität im aufgeschobenen Teil der Falte in zwei Kalksteinhorizonten des Gschel und einem Kalksteinhorizont der Orenburger Stufe (Oberkarbon) festgestellt worden. Die Förderraten erreichen 30000 m³/d. Das Gas des oberen Horizonts ist leichter (0,636) als das des unteren (0,663).

Weitere Erdöl- und Erdgaslagerstätten sind bisher in der nördlichen „Kleinfaltenzone" des Donbass noch nicht aufgefunden worden, obwohl in vielen Gebieten beachtliche Erdöl-Erdgasanzeichen zu beobachten sind (Abb. 3). Die bedeutendsten sind vom Nordrand der Synklinale von Lutugino im Bereich der Grube Samsonowsk-West bekannt. Hier eruptierte Erdgas in einer Bohrung aus Sandsteinen des Mittelkarbons (Folge C_2^5). Das Gas besteht bis zu 96% aus Methan. Zusammen mit Wasser trat auch Erdöl (bis zu 30 l/m³ Wasser) mit einer Dichte von 0,891 aus. Im Westteil der Synklinale von Nowoswetlowka wurden in über 20 Bohrungen Zuflüsse feuchten Gases aus den Folgen C_2^3 bis C_2^5 und in der Nähe von Bruchstörungszonen auch bedeutende Erdölanzeichen festgestellt. Im Bereich der Antiklinalflexur von Lissitschansk und der Kuppel Tomaschewsk-Nord erhielt man Erdgasanzeichen aus den Sandsteinen der Folge C_2^3. In Dutzenden weiterer Bohrungen wurden Methangase registriert, wobei mit Zunahme der Teufe im Gas auch schwere Kohlenwasserstoffe und im Wasser Erdölspuren auftraten. Diese gleichen in ihrer Zusammensetzung weitgehend den Erdgasen der zuvor genannten Lagerstätten. Sie unterscheiden sich von diesen nur durch einen etwas niedrigeren Gehalt schwerer Kohlenwasserstoffe (im Durchschnitt 0,1 bis 2,2% im Vergleich zu 1,1 bis 8,5% auf den Erdgaslagerstätten). Damit ist ein genetischer Zusammenhang belegt.

Angaben über Erdöl- und Erdgasanzeichen in Gebieten mit ausstreichendem Karbon der „Kleinfaltenzone" am Nordrand des Donbass sind im Ergebnis von Flachbohrungen (bis 1500 m) auf Kohle erhalten worden. Bei diesen Arbeiten wurde auch

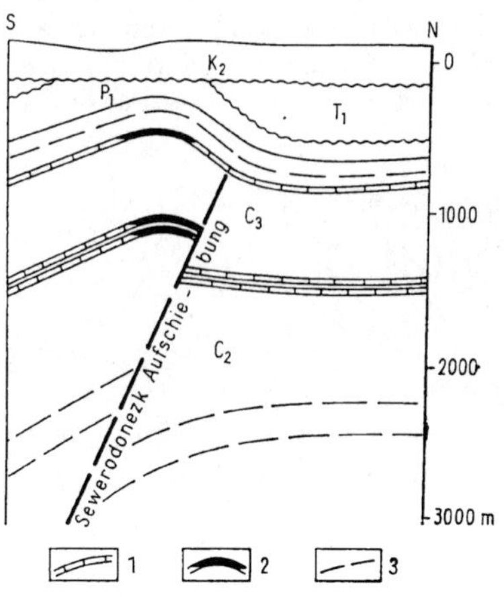

Abb. 5. Schematischer Schnitt durch die Lagerstätte Skosyrsk (nach GLADKOW & KLIMENKOW 1973)

1 — Karbonatsteinhorizonte, 2 — Erdgaslagerstätten, 3 — stratigraphische Grenzen

festgestellt, daß der obere Teil des Karbonprofils bis zu einer Teufe von 500 bis 800 m, in einzelnen Fällen sogar bis zu 1000 m weitestgehend entgast ist, wobei Aufschiebungen an den Faltenschenkeln die Hauptentgasungsbahnen darstellen; sie führen — unabhängig von ihrer Eindringtiefe — kein Erdgas. Tiefere Teile sind nicht durch Bohrungen untersucht. In Analogie zum älteren Karbon (Unterkarbon und unterer Teil des Mittelkarbons) an der Südflanke des Blocks von Woronesch sind jedoch auch hier im Profil sowohl tonige Abdeckungen als auch karbonatische und sandig-aleurolitische Schichten zu erwarten, die trotz erheblicher tektonischer Beanspruchung über porös-klüftige Speicher verfügen dürften (für Speicher des Unterkarbons beträgt zum Beispiel die Porosität 0,6 bis 3,3% und die Permeabilität in den Störungszonen bis zu 20 md). Die absolut freien Erdgasförderraten aus Speichern des Unterkarbons erreichen dort 13×10^3 bis $1{,}1 \times 10^4$ m³/d, im Durchschnitt 30 bis 105×10^3/d. Damit ist die Annahme gerechtfertigt, daß die tiefliegenden Ablagerungen des Karbons der „Kleinfaltenzone" ebenfalls Speicher und undurchlässige Schichten im Profil enthalten und unter günstigen Bedingungen Kohlenwasserstofflagerstätten vorhanden sein können, wenn man unterstellt, daß nicht überall Entgasungen stattgefunden haben.

Nordwestlicher Kaukasus

Als Nordwestlicher Kaukasus wird das Territorium bezeichnet, das sich westlich vom Gebirgskamm des Zentralkaukasus und der Eugeosynklinale seiner Südflanke erstreckt. Nach N gegen die Westkubanrandsenke ist der Nordwestliche Kaukasus durch die Lineamentzone von Achtyrski begrenzt (Abb. 6). Im NW und W schließt die Kertsch-Taman-Periklinalsenke an, die zu ihrem größten Teil den Zentralabschnitt der Randsenke und nur im S das tief abgesenkte Periklinal der Faltungszone bildet.

Die Faltenstrukturen des Nordwestlichen Kaukasus werden hauptsächlich aus mesozoischen Ablagerungen aufgebaut. Sie streichen großflächig zutage aus. Nur in einem schmalen Streifen am Nordrand (unmittelbar südlich der Lineamentzone von Achtyrski) und im NW, wo sie tief abtauchen, sind sie von Neogen überdeckt. Strukturelle Hauptelemente des Nordwestlichen Kaukasus sind das Psebai-Goitch-Antiklinorium, welches eine zentrale Stellung einnimmt, sowie das Soberbasch-Gunai-Synklinorium im N und das Noworossisk-Lasarewskoje-Synklinorium im S.

Im Psebai-Goitch-Antiklinorium tritt als ältestes Glied des mesozoischen Profils eine Schichtenfolge terrigener, vorwiegend toniger Ablagerungen des Unteren und Mittleren Juras auf. Der Obere Jura (Callov/Tithon) erreicht eine Mächtigkeit von 1300 bis 1700 m. Er besteht im N aus einer Kalk-Dolomit-Riffazies, welche im S von terrigen-karbonatischen, flyschartigen Ablagerungen (Flysch und Subflysch) umsäumt wird. Die terrigenen, flyschoiden Sedimente der Unterkreide werden bis zu 3500 m mächtig. Den Hauptbestandteil im Profil bilden Tonsteine. Für das Apt und Neokom charakteristische Sandsteine und Konglomerate besitzen eine Mächtigkeit bis zu einigen 100 m; im Alb sind sie in der Regel nur sporadisch ausgebildet. Ablagerungen der Oberkreide und des Tertiärs sind im betrachteten Gebiet geringmächtig in Depressionszonen und Erosionseinschnitten erhalten.

Aus dem Noworossisk-Lasarewskoje-Synklinorium sind bisher noch keine jurassischen Sedimente bekannt geworden, aber auch dort zweifelsohne vorhanden. Die Unterkreide mit einer Mächtigkeit über 3 bis 4 km (Valendis bis Alb) ist hier hauptsächlich durch tonige Sedimente vertreten. Sandsteine und Konglomerate bilden vorwiegend Basalhorizonte des Neokoms (90 bis 190 m) und des Apt/Albs (30 bis 250 m). Von den Ablagerungen der Oberkreide ist mit einer Mächtigkeit bis zu 2 km das

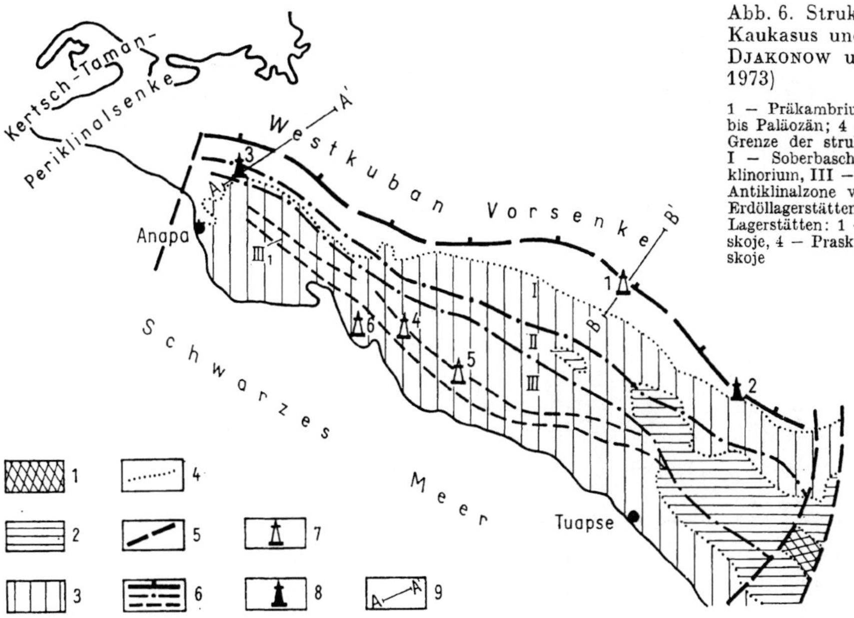

Abb. 6. Strukturelle Gliederung des Nordwestlichen Kaukasus und Erdöl- und Erdgaslagerstätten (nach DJAKONOW u. a. 1974 und BAIDOW & DJAKONOW 1973)

1 — Präkambrium (?) bis Unterkarbon; 2 — Jura; 3 — Kreide bis Paläozän; 4 — Eozän bis Pliozän; 5 — Verwerfungen; 6 — Grenze der strukturell-tektonischen Zonen; strukturelle Zonen: I — Soberbasch-Gunai-Synklinorium, II — Psebai-Goitch-Antiklinorium, III — Noworossisk-Lasarewskoje-Synklinorium, III_1 — Antiklinalzone von Semigorsk,; 7 — Erdgaslagerstätten; 8 — Erdöllagerstätten; 9 — Schnittlinien
Lagerstätten: 1 — Stawropol, 2 — Mirnaja Balka, 3 — Kukolowskoje, 4 — Praskowejewskoje, 5 — Archipo-Ossipowka, 6 — Doobskoje

Cenoman/Santon (Kalksteine mit Zwischenlagen von Mergeln und Aleuroliten) und das Campan (Wechsellagerungen von Sandsteinen, Aleuroliten, Kalksteinen, Mergeln und Tonen) am weitesten verbreitet, der Flysch des Maastrichts und Dans lediglich in Depressionszonen vorhanden. In diesen Senken kommen auch tonige Mergel des Unteren Paläozäns und Eozäns sowie flyschoide Sedimente des Oberen Paläozäns mit einer Gesamtmächtigkeit von über 800 m vor.

Das Psebai-Goitch-Antiklinorium stellt eine NW—SE streichende Faltenstruktur mit einer Länge von 240 km und einer Breite von 6 bis 30 km dar. Die einzelnen Falten besitzen in der Regel bedeutende Ausmaße (8 bis 12 km Länge und 1 bis 3 km Breite) und Amplituden (200 bis 1000 m). Es sind asymmetrische Zickzack- oder Kofferfalten; letztere überwiegen im Achsenbereich des Antiklinoriums. Die Nordschenkel fallen steiler (im Durchschnitt 60 bis 80°) ein und sind nicht selten überkippt. Die Mehrzahl der Falten besteht aus Ablagerungen der Unterkreide, die in den Scheiteln tief abgetragen und durch Sedimente der Oberkreide und des Känozoikums überdeckt wurden.

Das Soberbasch-Gunai-Synklinorium ist an einer Flexur um 300 bis 800 m gegenüber dem Psebai-Goitch-Antiklinorium abgesenkt. Gegen die Westkubanrandsenke wird es durch ein System steil einfallender Aufschiebungen begrenzt (Abb. 7). Im Strukturbau des Synklinoriums treten zwei Antiklinalzonen hervor. Eine weitere an der Grenze zur Westkubanrandsenke ist verdeckt. Die Falten weisen Kofferformen, seltener Zickzackformen auf. Sie sind asymmetrisch, die Nordflanken auch hier in der Regel steiler (20 bis 40°) und oft überkippt. Sie erreichen eine Länge von 3 bis 12 km, in einzelnen Fällen bis zu 20 km, und eine Breite von 0,5 bis 2,5 km. Die Amplituden schwanken zwischen 100 und 800 m.

Das Noworossisk-Lasarewskoje-Synklinorium ist im Bereich des Nordwestlichen Kaukasus durch den intensiv dislozierten Westabschnitt vertreten, der entlang eines Systems von Verwerfungen und Aufschiebungen gegenüber dem Psebai-Goitch-Antiklinorium um 500 bis 1000 m abgesenkt wurde. Eine zentrale Stellung im Strukturbau des Synklinoriums nimmt die Antiklinalzone von Semigorsk mit einer Ausdehnung von 120 km und einer Breite bis zu 8 km ein. Der Scheitelbereich der Zone besteht aus sandig-tonigen Gesteinen der Unterkreide, die Flanken und die westliche Absenkung aus Karbonatflysch der Oberkreide. Die Falten weisen Amplituden bis zu 600 m, starke Asymmetrie mit flachen Nordschenkeln und steilen, oft überkippten Südschenkeln auf. Einen analogen Bau zeigen die Falten nördlich der Antiklinalzone von Semigorsk, wie auch die zahlreichen, allerdings aus Flysch der Oberkreide bestehenden Antiklinalen im S.

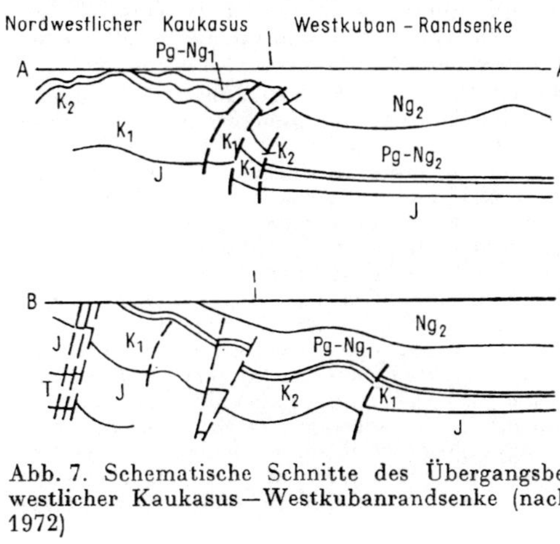

Abb. 7. Schematische Schnitte des Übergangsbereichs Nordwestlicher Kaukasus—Westkubanrandsenke (nach SIDORENKO 1972)

Erdöl- und Erdgashöffigkeit

Der Nordwestliche Kaukasus ist ein hinsichtlich der Erdöl- und Erdgashöffigkeit wenig erforschtes Gebiet. Tiefe Such- und Erkundungsbohrungen sind hier erst in den letzten Jahren in geringem Umfang begonnen worden. Bis dahin wurden allerdings sehr viele flache Struktur- und Suchbohrungen abgeteuft. Objekt der Erdöl- und Erdgassuche sind hauptsächlich Ablagerungen der Unterkreide, deren Perspektivität durch zahlreiche und weit verbreitete Erdöl- und Erdgasanzeichen in natürlichen Aufschlüssen, in Mineralwasserquellen sowie in flachen hydrogeologischen und Strukturbohrungen, aber auch

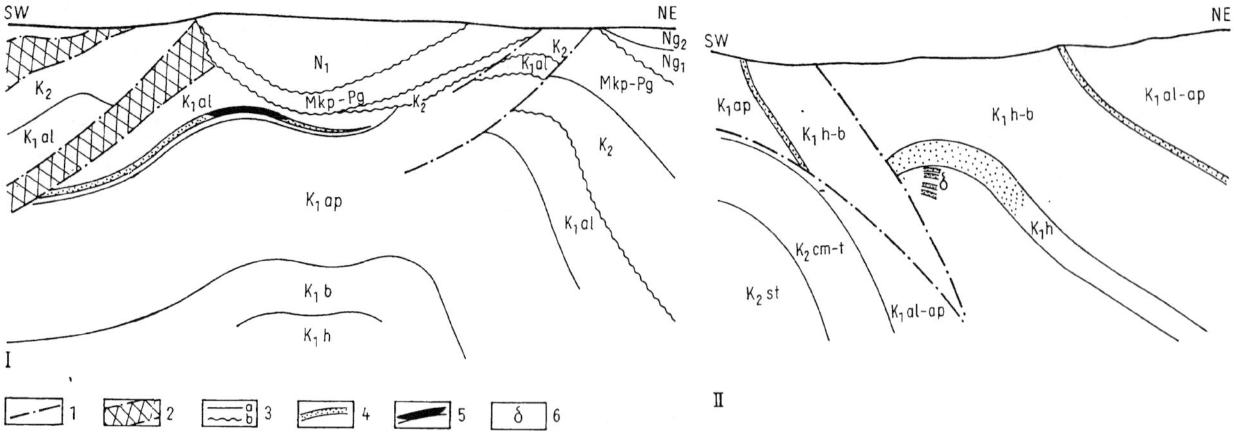

Abb. 8. Schematische Schnitte durch die Strukturen Kukolowskoje (I) und Praskowejewskoje (II) (nach PERERWA 1975 und BACHTIN u. a. 1970)

1 — Verwerfungen; 2 — tektonisch beanspruchte Zonen; 3 — stratigraphische Grenzen: a — konkordante, b — diskordante; 4 — Sandstein- und Aleurolithorizonte; 5 — Erdöl; 6 — Erdgas

durch geringe Zuflüsse von Erdöl und Erdgas auf den Strukturen am Südrand der Westkubanrandsenke (Strukturen Warenikowskaja, Nord-Schumaiskaja u. a.) erwiesen ist. Die wenigen bisher im nordwestlichen Kaukasus in Ablagerungen der Unterkreide entdeckten Erdgas- und Erdöllagerstätten sind auf alle Hauptstrukturzonen verteilt (Abb. 6):

Im Bereich des Soberbasch-Gunai-Synklinoriums wurden auf der Struktur Stawropol geringe Gaszuflüsse aus Sandsteinen des Hauterives erzielt. Auf der Struktur Mirnaja Balka sind drei Sandstein-Aleurolithorizonte des Oberen Apts in einer Teufe von 350 bis 970 m produktiv.

Im Bereich des Psebai-Goitch-Antiklinoriums wurde eine Erdöllagerstätte auf der Struktur Kukolowskoje entdeckt (Abb. 8 I). Die Struktur besteht aus konkordant lagernden Gesteinen der Unterkreide (Oberes Hauterive und Alb); im Scheitelbereich ist das Alb tief abgetragen und wird von einer fast 700 m mächtigen Folge des Paläogens und Neogens diskordant überdeckt. Die Erdöllagerstätte ist an einen Sandsteinhorizont des Albs gebunden, der im südwestlichen und im Scheitelbereich der Struktur ausgebildet ist und in nordöstlicher Richtung auskeilt. Die Teufenlage des produktiven Horizonts beträgt über 700 m; die erdölführende Etage hat eine Höhe von 65 m; die erdölführende Schicht ist 9 m mächtig. Die Erdölförderrate in der zuerst fündig gewordenen Bohrung Nr. 22 erreichte 37 t/Tag. Die Erdöldichte beträgt 0,917, der Gasfaktor 1000 m^3/t, der Paraffingehalt 1,18%, der Gehalt schwefelsaurer Teere 5%. Asphaltene und Schwefel fehlen.

Im Bereich des Noworossisk-Lasarewskoje-Synklinoriums führen Ablagerungen der Unterkreide auf zwei Strukturen der Antiklinalzone von Semigorsk Erdgas. Auf der Struktur Praskowejewskoje (Abb. 8 II), die als asymmetrische Falte mit flachem Nordschenkel ausgebildet ist, welcher zusammen mit dem Scheitel der Falte auf den überkippten und stark gestörten Südschenkel aufgeschoben wurde, kommt Erdgas in Sandsteinen des Hauterive/Barreme (Schischanskojefolge) vor. Als Speichergesteine treten geringmächtige linsenartige Sandsteine mit einer effektiven Gesamtmächtigkeit bis zu 20 m auf. Der größte Erdgaszufluß betrug 50000 bis 100000 m^3/d. Im Bereich der Struktur Archipo-Ossipowka, die eine südvergente und im Scheitelbereich durch einen Graben komplizierte asymmetrische Falte darstellt, ist der 100 m mächtige basale Fanarskojehorizont des Hauterive/Barreme im Bereich einer kleinen Hemiantiklinale des nördlichen Schenkels produktiv. Der Gaszufluß betrug 3000 m^3/d. Das Erdgas enthält 81,5% Methan und 16,3% schwere Kohlenwasserstoffe; der Gehalt von Kohlendioxid und Stickstoff beträgt 2,2%. Auf der Struktur Doobskoje an der Südflanke der Antiklinalzone von Semigorsk wurde im Bereich des überkippten Südschenkels in Ablagerungen des Cenoman/Oberalb Erdgas festgestellt. Weiterhin traten in klüftigen Kalksteinen des Turon Erdölanzeichen auf.

Schlußfolgerungen

Diese wenigen Angaben über den Aufbau der Schichtenfolgen, die strukturellen Verhältnisse und die Erdöl-Erdgasführung verschiedenaltriger miogeosynklinaler Zonen von Faltungsgebieten berechtigen zu einigen Schlußfolgerungen, die auch für Struktureinheiten gleicher Formierungsbedingungen in anderen Tektogenen gültig sind bzw. zu prüfen wären:

1. Die miogeosynklinalen Zonen von Faltungsgebieten sind zwar durch einfachere strukturelle Verhältnisse innerhalb des Tektogens, im Vergleich zu Erdöl- und Erdgaslagerstättengebieten in den Randsenken und auf den Tafeln aber durch einen recht komplizierten geologischen Bau gekennzeichnet, der sich in der Vielfalt der genetischen und morphologischen Faltenformen — die vorwiegend aus Flysch und flyschartigen Sedimenten gebildet werden — sowie im Auftreten intensiver disjunktiver Tektonik und tiefreichender Denudationen widerspiegelt.

2. Die beachtliche strukturelle Differenzierung der miogeosynklinalen Zonen sowie das Vorkommen von verschiedenartigen Speichern und abdeckenden Schichten sprechen zusammen mit den zahlreichen Erdöl- und Erdgasanzeichen und einzelnen Lagerstätten von Erdöl und Erdgas dafür, daß in diesen Bereichen generell Bildungsbedingungen für Erdöl- und Erdgaslagerstätten gegeben waren. Die starke Denudation und die tektonische Zerstückelung der miogeosynklinalen Zonen sind jedoch ungünstige Faktoren für die Erhaltung von derartigen Lagerstätten, vor allem in den oberen Teilen des gefalteten Stockwerks. In den tieferen Komplexen, die von der Denudation nicht betroffen und infolge des Ausklingens kleinerer disjunktiver Verwerfungen in geringerem Maße tektonisch gestört wurden, sind die Voraussetzungen für die Erhaltung der Lagerstätten wesentlich günstiger.

3. Aus der Sicht der Erdöl- und Erdgashöffigkeit interessieren am meisten die Randbereiche der miogeosynklinalen Zonen im Übergang zu den Vorsenken bzw. Tafeln, wo die Falten des Tektogens auf benachbarte Teile der Vorsenke bzw. Tafel überschoben sind, aber auch umgekehrt die Strukturen der miogeosynklinalen Zone von Sedimenten der Vorsenke bzw. Tafel überdeckt wurden. Bei einer Überdeckung der miogeosynklinalen Zone durch Sedimente der Vorsenke bzw. Tafel erhöhen sich die Erdöl- und Erdgasperspektiven der miogeosynklinalen Strukturen insofern wesentlich, als die Falten in einem geringeren Umfang denudiert wurden und sich außerdem durch größere hydrodynamische Geschlossenheit auszeichnen. Bei einer Überschiebung von Falten der miogeosynklinalen Zone auf die Vorsenke bzw. Tafel müssen die unter der Überschiebung liegenden Schichten, die aus Sedimenten der Vorsenke bzw. Tafel bestehen und durch entsprechende Strukturtypen charakterisiert sind, als besonders höffig eingeschätzt werden.

Die Entdeckung von Lagerstätten in den gefalteten Randbereichen sowie in den nicht gefalteten Sedimenten unter den Randüberschiebungen an der Westflanke des Südurals, am Nordrand des Donbass und im nordwestlichen Kaukasus gestattet es, die wenig untersuchten und früher als gering- oder nichtperspektiv angesehenen und demzufolge bei der Klassifizierung erdöl- und erdgasführender Struktureinheiten auch nicht berücksichtigten Gebiete der Faltungszonen von Miogeosynklinalen (vgl. z. B. International Map of Natural Gas Fields in Europe, Explanatory Note, 1976) optimistischer einzuschätzen:

- Das gilt insbesondere für die alpidischen Tektogene. In den Karpaten sind Erdgaslagerstätten in der Flyschzone gefunden worden. Das Gas ist sowohl in kretazischen bis unteroligozänen Flyschsandsteinen der Beskiden (Szalowa, Roztoki, Wola Jasienicka, Grabownica Wieś, Strachocina, Sanok) — also in den miogeosynklinalen Ablagerungen selbst — als auch im Autochthon der Vorsenke unter der Karpatenrandüberschiebung südlich des Oberschlesischen Beckens (Přibor-Klokočov, Bruzovice-Frýdek, Žukov, Dębowiec Śląski, Pogórz) akkumuliert (DEPOWSKI 1976, ĎURICA 1976). Über die Position der Speicher in der am Außenrand der Ostkarpaten gelegenen Lagerstätte Tazlău Mare liegen keine Angaben vor.
  Bemerkenswert ist weiterhin die Erdöl- und Erdgasführung in den stärker gefalteten Bereichen des nördlichen Apennin (Selva, Salgastri, Castel dell'Alpi, Pietramala, Castagno, Selvapiana, Viamaggio). In Süditalien sind die Erdgaslagerstätten hingegen unmittelbar an die Tektogenfront, d. h. an die allochthonen Schuppen in den Ablagerungen der Apenninrandsenke (Abruzzi-Bradano-Becken) konzentriert (Bomba, S. Salva-Cupello, Guglionesi-Portocannone Montecilfone, Torrente Tona, Roseto-M. Stillo, Candela, Accettura, Pisticci). Auf Sizilien treten sie wieder in den inneren, stärker gefalteten Bereichen auf (Gagliano, Feudo Grande, M. Pellegrino, S. Nicola, Cisina, Rizzo, Catania) — vgl. International Map of Natural Gas Fields in Europa (1972) und PIERI (1976).
- Ungeklärt ist die Kohlenwasserstofführung des gefalteten Karbons und Devons am Außenrand der Varisziden. Inkohlungsdaten, die aus einem recht weit- und ungleichmaschigen Bohrnetz erhalten wurden, weisen geringer inkohlte Gebiete und Zonen im Vorland aus, die aber teilweise auch tiefer in das Tektogen eingreifen (N—S-Zone der Eifel) und als potentielle Prospektionsgebiete sowohl auf Erdgas als auch z. T. auf Erdöl und Kondensat in Betracht gezogen werden müssen (BARTENSTEIN & TEICHMÜLLER 1974). Infolge der teilweise sehr großen Teufenlagen und magmatischer Aufheizungen dürften allerdings große Bereiche am Außenrand des variszischen Tektogens vor allem wegen des Fehlens von Speichergesteinen als nicht oder nur sehr gering perspektiv anzusprechen sein.

Zusammenfassung

Die Erdöl-Erdgasperspektivität der bis vor kurzem in dieser Hinsicht kaum beachteten miogeosynklinalen Zonen von Faltungsgebieten wird anhand einiger Beispiele behandelt: Westflanke des Südurals, Nordrand des Donbass, Nordwestlicher Kaukasus. Es zeigt sich, daß diese Zonen — trotz ihrer komplizierten strukturellen Verhältnisse — auf Grund der zahlreichen Kohlenwasserstoffanzeichen sowie einiger Erdöl- und Erdgaslagerstätten optimistischer als bislang eingeschätzt werden müssen.

Резюме

Перспективность нефти и газа до недавно в этом смысле почти не принимавшие во внимание миогеосинклинальные зоны складчатых областей обсуждаются на основе некоторых примеров: Западный склон Южного Урала, северный край Донбаса, северо-западный Кавказ. Показывалось, что такие зоны — не смотря на их сложные структурные отношения — на основе многочисленных признаков углеводорода как и некоторых нефтяных и газовых месторождений нужно оценивать более оптимистически, чем до сих пор.

Summary

Oil and gas prospects of miogeosynclinal zones of folded areas so far hardly considered in this respect are illustrated by some examples, such as the western flank of the Southern Ural Mountains, the northern margin of the Donetz basin, and the north-west Caucasus. It is shown that these zones in spite of their intricate structural conditions more than hitherto must be estimated more optimistically because of numerous indications of hydrocarbon and of some oil and gas deposits.

Literatur

AKSENOWA, A. G.; ALEXEJEW, G. I.; ALJOSCHIN, S. I., u. a.: Über die Erdöl-Erdgas-Perspektivität der karbonatisch-terrigenen Ablagerungen des Mittelkarbons und Unterperms am östlichen (inneren) Rand der Ural-Vorsenke. (russ.). In: Perspektiwy otkrytija neftegasowych mestoroschdenii na bolschich glubinach. — Ser. neftegas. Geol. i Geofis. WNIIOENG, 39—46, Moskau 1973.

BACHTIN, M. I.; SNAMENSKI, W. A.; ZATUROW, A. I.: Neue Angaben über die Erdgashöffigkeit der Unterkreide und die Perspektiven der weiteren Erkundung der mesozoischen Ablagerungen an der Südflanke des nordwestlichen Kaukasus (russ.). — Geol. Nefti i Gasa, **14**, 6, 7—13, Moskau 1970.

BAIDOW, F. K.; DJAKONOW, A. I.: Die Erdöl- und Erdgashöffigkeit der unterkretazischen Ablagerungen des nordwestlichen Kaukasus aus der Sicht neuer Erkenntnisse (russ.). — In: Problemy neftegasonosnosti Krasnodarskogo kraja. — Isdat. Nedra, S. 17—25, Moskau 1973.

BARTENSTEIN, H.; TEICHMÜLLER, R.: Inkohlungsuntersuchungen, ein Schlüssel zur Prospektierung von paläozoischen Kohlenwasserstoff-Lagerstätten. — Fortschr. Geol. Rheinland u. Westfalen, **24**, 129—160, Krefeld 1974.

DEPOWSKI, S.: Poland. In: International Map of Natural Gas Fields in Europe Explanatory Note. — S. 102—107, Hannover 1976.

DJAKONOW, A. I.; ZAGARELI, A. I.; MALOWIZKI, J. P., u. a.: Die tektonische Rayonierung und geologische Entwicklungsgeschichte des östlichen Schwarzmeervorlandes (NW-Kaukasus, Westgrusinien) und des angrenzenden Aquatoriums des Schwarzen Meeres (russ.). In: Tektonika i seismitschnost Pritscherno morja i Tscherno morskoi wpaddiny. — Isdat. Schtiinza, S. 58—96, Kischinjow 1974.

ĎURICA, D.: Czechoslovakia. In: International Map of Natural Gas Fields in Europe, Explanatory Note. — S. 33—36, Hannover 1976.

DWURETSCHENSKI, W. A.; KINGOLZ, A. N.; TSCHERNJAWSKI, G. W.; SCHTSCHERBAKOW, W. P.: Über den geologischen Bau des Nordens des Rostower Gebietes und die Perspektiven der Erschließung neuer Erdgas-Lagerstätten (russ.). — Geol. i Rasw. gasowych i gasokondensatnych Mestoroshd., 2, 3—9, WNIIEgasprom, Moskau 1974.

GLADKOW, W. I.; KLIMENKO, A. A.: Zur Frage der Bildung von Erdgas-Lagerstätten und der Methodik der Durchführung von Such- und Erkundungsarbeiten im Rostower Gebiet (russ.). — Geol. i Rasw. gasowych i gasokondensatnych Mestoroshd., 8, 17—26, WNIIEgasprom, Moskau 1973.

KAMALETDINOW, M. A.: Über einige Grundfragen der Tektonik der Ural-Westflanke im Zusammenhang mit der Erdöl-Erdgas-Erkundung (russ.). — Geol. Nefti i Gasa, **12**, 3, 42—45, Moskau 1968.

KAMALETDINOW, M. A.; NADESCHKIN, A. D.; KAMALETDINOW, R. A.: Neue Angaben über den geologischen Bau und die Perspektiven der Erdöl-Erdgas-Höffigkeit der Vorfaltenzone des Südurals (russ.). — Geol. Nefti i Gasa, **10**, 3, 13—16, Moskau 1966.

KAMALETDINOW, M. A.; KASANZEWA, T. T.: Überschiebungs- und Deckenbau an der Westflanke des Südurals. — Geologie, 19, 545—562, Berlin 1970.

MURITSCH, A. T.: Über die Perspektiven der Erdöl-Erdgas-Höffigkeit der nördlichen Kleinfaltenzone des Donezk-Beckens (russ.). — Geol. Nefti i Gasa, **17**, 3, 34—40, Moskau 1973.

OWANESOW, G. P.; JAKUPOW, I. A.; KAMALETDINOW, M. A.: Zur Bewertung der Perspektiven der Erdöl-Erdgas-Höffigkeit des Silair-Synklinoriums (russ.). — Geol. Nefti i Gasa, **7**, 12, 1—6, Moskau 1963.

PERERWA, W. M.: Über die Erdöl-Erdgas-Höffigkeit der mesozoischen Ablagerungen an der Nordflanke des Nordwestlichen Kaukasus (russ.). — Geol. Nefti i Gasa, **10**, 5, 32—35, Moskau 1975.

PIERI, M.: Italy. In: International Map of Natural Gas Fields in Europe, Explantory Note. — S. 80—84, Hannover 1976.

SENTSCHENKO, G. S.: Faltungstypen an der Westflanke des Südurals und ihre Beziehungen zum Tiefenbau (russ.). — Glubinoe stroenie Urala, S. 243—251, Moskau 1968.

SIDORENKO, S. F.: Neues zur tektonischen Rayonierung der Westkuban-Senke im Zusammenhang mit den Perspektiven der Erdöl-Erdgas-Höffigkeit (russ.). — Geol. Nefti i Gasa, **16**, 6, 10—15, Moskau 1972.

WARENZOW, M. I.; DOROSCHKO, S. M.; KOROLJUK, I. K., u. a.: Die Ural-Vorsenke (russ.). In: Problemy tektoniki i neftegasonosnosti krajewych progibow. — Isdat. Nedra, 18—114, Moskau 1973.

International Map of Natural Gas Fields in Europe 1 : 2 500000. — Genève-Hannover 1972.

Der Südwestrand der Osteuropäischen Tafel als mögliche alte Plattengrenze

HURTIG, E.; MUNDT, W.; RITTER, E.; ROTHER, K., Potsdam

1. Einleitung

Die alten Schilde und präkambrischen Plattformgebiete sind herausragende tektonische Einheiten der Kontinente. Die Begrenzung zu ihren Umrandungen kann unterschiedlich sein. Dabei entsteht die Frage, ob es sich bei den alten Kratonen und präkambrischen Tafeln um Platten bzw. Plattenreste handelt, bei denen der Anbau jüngerer Teile (z. B. Paläo-, Meso- und Neoeuropa) durch Anfaltung etwa im Sinne von STILLE zu verstehen ist oder als das Ergebnis einer Kollision und der Verschluckung ozeanischer Platten an Subduktionszonen etwa im Bereich der Grenzen der alten Kratone. So ist vor allem nach dem Charakter der Grenzen der alten Schilde und präkambrischen Tafeln zu fragen. Wesentlich ist, inwieweit prinzipielle Unterschiede im Bau der Erdkruste zwischen den Kratonbereichen und ihren Vorländern bestehen. Am Beispiel des Südwestrands der Osteuropäischen Tafel (OET) soll die Problematik des Grenzbereichs zwischen einer präkambrischen Tafel und jüngeren Vorländern untersucht werden. Dabei wird ausschließlich auf die Ergebnisse geophysikalischer Untersuchungen eingegangen.
In den letzten Jahren sind zahlreiche neue geophysikalische Ergebnisse bekannt geworden, auf deren Grundlage der Charakter des Südwestrands der OET näher untersucht werden kann.

2. Geophysikalische Untersuchungsergebnisse

Anomalien der magnetischen Säkularvariation

Die Säkularvariation des Erdmagnetfelds ist ein zeitabhängiges geophysikalisches Phänomen, dessen Erforschung Aussagen über die physikalisch-stofflichen Eigenschaften des Erdkörpers vor allem im Grenzbereich Mantel—Kern gestattet. Neuere Untersuchungen zeigen jedoch, daß auch der Bereich Kruste—oberer Erdmantel Einfluß auf den zeitlichen Verlauf der Säkularvariationen zu haben scheint.
Von 44 geomagnetischen Observatorien wurden die Jahresmittelwerte für den Zeitraum 1950 bis 1970 (MUNDT 1973) zur Analyse der Säkularvariation in Europa herangezogen. Der Gesamtzeitraum von 20 Jahren wurde in vier Zeitepochen von jeweils 5 Jahren untergliedert, um die Ortskonstanz anomaler Bereiche untersuchen zu können, die sich aus der Differenz gegenüber der normalen Säkularvariation ergeben. Für die analytische Erfassung der Säkularvariation in Europa sowie deren Aufspaltung in einen normalen und anomalen Anteil können folgende Aussagen gemacht werden: Die sich aus der zeitlichen Änderung der Jahresmittelwerte der Observatorien ergebende magnetische Säkularvariation ist in Europa vollständig durch eine Funktion 3. Grads der geographischen Koordinaten darstellbar. Als normaler Anteil ist eine Funktion 1. Grads zu definieren. Die sich gegenüber einem Trend 1. Ordnung ergebenden Anomalien sind für den Zeitraum 1950 bis 1970 quasi-ortskonstant. Damit zeigt sich, daß eine Gliederung nach anomalen Bereichen der Säkularvariation im großregionalen Maßstab signifikant ist. Es läßt sich deutlich eine Dreiteilung von Europa feststellen. Der Bereich der alten Tafel (einschließlich Skandinavien) wird durch eine negative Anomalie charakterisiert, d. h., die Säkularvariation ist hier geringer als normal. Zentraleuropa zeigt eine schwach positive Anomalie der Säkularvariation. Die Grenzzone zwischen diesen beiden großregionalen Anomalien ist etwa identisch mit dem Südwestrand der OET.
Daraus ergibt sich zweierlei:

1. Die großregionalen Anomalien der Säkularvariation müssen in Zusammenhang mit dem Bau der Erdkruste bzw. der Lithosphäre gebracht werden;
2. Zwischen beiden Gebieten müssen tiefgreifende physikalisch-stoffliche Unterschiede bestehen, die bis in den Erdmantel hinabreichen könnten (FAINBERG & BERDITSCHEWSKI 1976).

Anomalien der elektrischen Leitfähigkeit

Die Unterschiede im Verhalten der magnetischen Säkularvariation deuten auf tiefreichende laterale Inhomogenitäten der elektrischen Leitfähigkeit hin. Es sind daher die Ergebnisse elektromagnetischer Tiefensondierungen von Interesse.
Die ersten Untersuchungen von WIESE (1955) zeigten, daß im nördlichen Zentraleuropa eine ausgeprägte elektrische Leitfähigkeitsanomalie auftritt. In den letzten Jahren sind zahlreiche neue Messungen durchgeführt worden, so daß an über 600 Punkten elektromagnetische Tiefensondierungen vorliegen (s. u. a. SCHMUCKER 1963, SCHMUCKER & JANKOWSKI 1972, RITTER 1970 und 1975). Aus dem Verlauf der sogenannten Wiesepfeile ergibt sich, daß in Zentraleuropa ausgeprägte elektrische Leitfähigkeitsanomalien auftreten. Besonders herausragend sind die Karpatenanomalie, die Oberrheintalgrabenanomalie sowie die Norddeutsche Leitfähigkeitsanomalie, die von Holland bis an den Nordrand der Karpaten reicht. Aus der Karte der Induktionspfeile wurde eine Karte der normierten Vertikalkomponente in Europa abgeleitet. Sie weist zwei charakteristische Elemente auf: erstens eine E—W-streichende Zone mit Maximalwerten über 0,80 am Südrand des norddeutschen Sedimentbeckens (ca. 50,5° N) und zweitens eine Rügen in NW—SE-Richtung überquerende Maximalzone mit Werten bis 0,80. Beide stehen in enger Verbindung miteinander, die Phasendifferenz der H_z-Komponenten beträgt ca. 180°. In der VR Polen liegen diese beiden Zonen noch dicht zusammen, die anomalen Feldanteile lassen sich allein durch eine Oberflächenanomalie deuten (SCHMUCKER & JANKOWSKI 1972). Weiter nach W spreizen die beiden Zonen immer weiter auseinander, wobei die maximalen H_z-Amplituden größer werden (größer als 0,5). Für das Gebiet der DDR erreichten PORSTENDORFER u. a. (1976) die beste Anpassung der berechneten magnetotellurischen Sondierungskurven an die beobachteten mit einem Leitfähigkeitsmodell, das durch hohe Leitfähigkeit des Sediments und eine Aufwölbung der Konduktosphäre von ca. 40 auf 33 km unter dem zentralen Teil des Sedimentbeckens charakterisiert ist.
Der Verlauf der Anomalien der normierten Vertikalkomponente zeichnet die bekannte Tektonik dieses Raums

Eingang des Manuskripts in der Redaktion: 22. 3. 1977.
(Veröffentlichung des Zentralinstituts für Physik der Erde Nr. 574)

nach. Die Modellberechnungen zeigen, daß allein durch die Sedimentschicht die Leitfähigkeitsanomalie nicht zu erklären ist, sondern Störkörper im Bereich der unteren Kruste und des oberen Erdmantels vorhanden sein müssen. Ähnliche Effekte ergeben sich auch an rezenten Plattengrenzen. Ein Beispiel dafür sind die Leitfähigkeitsanomalien an der Westküste Nordamerikas, die von verschiedenen Autoren, als erstem Schmucker (1963), intensiv untersucht wurden.

Anomalien des Wärmeflusses

Das thermische Regime beeinflußt entscheidend den physikalisch-stofflichen Zustand der Materie in größerer Tiefe. So hängt die elektrische Leitfähigkeit stark von der Temperatur ab. In den letzten Jahren sind in Europa — besonders in den Ländern Zentral- und Osteuropas — zahlreiche neue Wärmeflußwerte bestimmt worden (siehe u. a. Tschermak & Lubimowa 1976, Hurtig 1975, Hurtig & Oelsner 1977, Hurtig, Tschermak & Stegena 1977).

Es zeigt sich deutlich ein Unterschied zwischen dem thermischen Regime im Bereich der präkambrischen Tafel im E und NE und seinem südwestlichen Vorland. Im Bereich der Tafel treten durchweg niedrige bis sehr niedrige Wärmeflußwerte auf, die flache, weitgespannte Anomalien bilden. Diese stehen in enger Beziehung zu den auf der präkambrischen Tafel auftretenden Syneklisen und Anteklisen. Der Südwestrand der Tafel hebt sich durch einen deutlichen Anstieg der Wärmeflußwerte heraus. Diese Grenze läßt sich aus dem Bereich der Nordsee bis zur nördlichen Karpatenvorsenke und dem Schwarzen Meer verfolgen.

Im südwestlichen Vorland der OET tritt ein völlig anderer Typus von Wärmeflußanomalien auf. Waren es auf der präkambrischen Tafel weitgespannte, flache Anomalien, so herrschen in Zentraleuropa kleinräumige, jedoch meist langgestreckte Anomalien vor. Die statistischen Momente zeigen signifikante Unterschiede. Im Bereich der alten Tafel liegt der Mittelwert bei 40 mW/m^2 mit einer sehr geringen Streuung. Höhere Werte sind sehr selten. Die Häufigkeitsverteilung für das südwestliche Vorland ist flacher, der Mittelwert liegt bei 75 mW/m^2.

Der Unterschied im Wärmefluß sowohl nach absolutem Betrag als auch nach der Form der Anomalien zwischen der präkambrischen Tafel und dem südwestlichen Vorland wird durch folgende Faktoren verursacht:

1. durch das unterschiedliche geologische Alter dieser Einheiten und der dadurch verbundenen Abnahme der radioaktiven Wärmeproduktion entsprechend der Halbwertszeit vor allem von ^{40}K im Bereich der präkambrischen Tafel;
2. durch eine petrographisch bedingte niedrige radioaktive Wärmeproduktion in der Kruste der präkambrischen Tafel. Die Untersuchungen von Arshawskaja u. a. (1972) machen deutlich, daß die radioaktive Wärmeproduktion der präkambrischen Gesteine der Halbinsel Kola sehr niedrig ist. Der Beitrag der Kruste zum Gesamtwärmefluß liegt bei ca. 8 mW/m^2.
3. Die Analyse des Wärmeflusses in Zentraleuropa mit seinen langgestreckten schmalen Wärmeflußmaxima hat ergeben, daß entlang tiefreichender Bruchzonen ein konvektiver Wärmetransport erfolgen muß. Im Bereich der präkambrischen Tafel fehlt dagegen der konvektive Anteil fast völlig.

Der Gegensatz zwischen OET und Zentraleuropa wird auch in der Temperatur-Tiefen-Verteilung deutlich (s. Hurtig & Oelsner 1977). Die horizontalen Temperaturunterschiede können einige 100 °C betragen.

Tiefenlage der Moho-Diskontinuität

In den letzten Jahren sind sowohl auf der präkambrischen Tafel als auch im südwestlichen Vorland zahlreiche tiefenseismische Untersuchungen durchgeführt worden. Eine synoptische Zusammenfassung hat Janle (1973) für den Raum Südskandinavien gegeben. Für Zentral- und Osteuropa sind die umfangreichen Messungen in einer Monographie zusammengefaßt (Sollogub, Prosen & Militzer 1972). Für das Gebiet der BRD haben Giese, Prodehl & Stein (1976) eine Zusammenfassung gegeben. Danach ergibt sich deutlich, daß die Mohotiefe generell nach N bzw. NE beim Übergang zur präkambrischen Tafel zunimmt. In Südskandinavien werden Werte um 40 km erreicht, ähnliche Tiefen sind auch für die OET typisch. Nach SW steigt die Moho auf ca. 30 km an. Undulationen sind möglich. Eine besondere Stellung scheint nach den vorliegenden Ergebnissen die Übergangszone von der Tafel zum Vorland einzunehmen. Die tiefenseismischen Profile zeigen hier ein z. T. grabenartiges starkes Absinken der Mohotiefe auf Werte von 50 km Tiefe und darüber (s. Guterch u. a. 1975). Auch Janle (1973) fordert für diesen Übergangsbereich eine Sonderstellung (Norwegische Rinne, Fennoskandinavische Übergangszone). Diese Grenzzone kann nach den vorliegenden Unterlagen unterschiedlich ausgebildet sein: als Zone relativ steilen Anstiegs der Mohotiefe oder als Grabenbruchzone.

Der Vergleich mit dem Verlauf der Wärmeflußachsen und den Maxima der normierten Z-Komponente, abgeleitet aus elektromagnetischen Tiefensondierungen, zeigt, daß dieser Übergangsbereich generell von Bruchzonen begleitet ist. Zumindest abschnittsweise ist diese Grenzzone auch rezent aktiv, wie das Auftreten von Beben vor der norwegischen Küste, im Skagerrak, auch in Südschweden (Schonen, Bornholm) zeigt (siehe z. B. Karnik 1971, ISC-Bulletin).

Schollenrotationen

Die vorliegenden Daten zeigen, daß zwischen der präkambrischen Plattform der OET und dem südwestlichen Vorland entscheidende Unterschiede im physikalisch-stofflichen Bau der Erdkruste bestehen. Diese sind nicht nur gradueller, sondern prinzipieller Art, und zwar sowohl hinsichtlich der Struktur, d. h. dem Zustand, als auch hinsichtlich der Dynamik. Es ergibt sich daher die Frage, inwieweit relative Rotationsbewegungen zwischen der präkambrischen Tafel und dem südwestlichen Vorland nachweisbar sind.

Nach paläomagnetischen Untersuchungen sind Schollenrotationen in Südeuropa bekannt. Im Bereich des stabilen mittleren und nördlichen Europas sind dagegen Angaben über Schollenrotationen wenig sicher. Birkenmayer u. a. (1968) haben z. B. an Hand von Richtungsdivergenzen von 17° zwischen Eruptiv- und Sedimentgesteinen aus dem Oberkarbon des Innersudetischen Beckens und des Böhmischen Massivs auf Relativbewegungen zwischen beiden geschlossen. Nach Creer (1970) könnte das generelle Abweichen der pälaomagnetischen Daten des Paläozoikums des Böhmischen Massivs von denen des stabilen Europas auf mögliche Schollenrotationen dieses Blocks zurückgeführt werden, vergleichbar den mesozoisch-känozoischen Bewegungen im Tethysraum. Die Möglichkeit von Plattenbewegungen im Paläozoikum ergibt sich aus neueren Untersuchungen in England und Schottland und Datenrevisionen von Briden u. a. (1973). So deutet die Abweichung der Polposition des zuverlässig altersmäßig abgesicherten Jüngeren Gabbros von Aberdeenshire in Schottland auf eine Versetzung Schottlands und Nordirlands im unteren Ordovizium von 10° Poldistanz entsprechend etwa 1000 km hin. Das würde die Existenz eines schmalen Ozeans vom jüngeren Präkambrium bis zum Untersilur bestätigen und das unmittelbare Aneinandergrenzen pazifischer und atlantischer Faunenprovinzen auf Neufundland, in Großbritannien, Norwegen und Spitzbergen durch die Schließung eines unterordovizischen Protoatlantiks und ein erneutes Öffnen im Mesozoikum erklären.

Damit deutet sich an, daß zumindest der Westrand der OET im Bereich vom Norwegen als Paläoplattengrenze im Sinne der Plattentektonik zu verstehen ist. Am Südwestrand der OET, in Zentral- und Südosteuropa, lassen sich gegenwärtig paläomagnetisch keine gesicherten Rotationsbewegungen nachweisen. Für das Jungpaläozoikum, Mesozoikum und Känozoikum ergeben sich keine relativen Drehbewegungen zwischen der OET und dem südwestlichen Vorland.

3. Schlußfolgerungen

1. Zwischen der präkambrischen Tafel in Osteuropa (Baltischer Schild, Osteuropäische Tafel) und dem südwestlichen Vorland treten Unterschiede im physikalisch-stofflichen Aufbau auf.

2. Die Grenzzone selbst hat den Charakter einer Bruch- und Bewegungszone, in der im Lauf der geologischen Entwicklung deutliche, jedoch differenzierte Vertikalbewegungen nachweisbar sind (TESCHKE 1975).

3. Der Nachweis altpaläozoischer Rotationsbewegungen ist bisher nicht eindeutig. Im Jungpaläozoikum und Mesozoikum haben mit Sicherheit keine Relativbewegungen stattgefunden.

Diese Ergebnisse zeigen, daß der Südwestrand der OET als Plattengrenze definiert werden kann, die jedoch in ihrem Charakter von dem durch die Plattentektonik gegebenen Schema abweicht. Das wirft die Frage auf, ob sich andere Typen von Plattengrenzen ableiten lassen. Weitere Untersuchungen sowohl am Südwestrand der OET als auch an anderen präkambrischen Tafeln sind hierzu notwendig.

Zusammenfassung

Auf der Grundlage von neuen geomagnetischen, tiefenelektrischen, paläomagnetischen, geothermischen und tiefenseismischen Meßergebnissen werden die Anomalien der geophysikalischen Felder im Südwestrandbereich der Osteuropäischen Tafel untersucht. Es zeigt sich, daß deutliche Unterschiede im physikalisch-stofflichen Aufbau zwischen der Tafel und dem südwestlichen Vorland auftreten. Die Grenzzone hat den Charakter einer Bruch- und Bewegungszone, allerdings konnten Relativbewegungen seit dem Jungpaläozoikum paläomagnetisch nicht nachgewiesen werden.

Резюме

На основе новых геомагнитных, глубоко-электрических, палеомагнитных, геотермических и глубоко-сейсмических данных измерения исследуются аномалии геофизического поля в области юго-западного края Восточно-европейской платформы. Показывается, что выступают ясные различия в физико-вещественном строении между платформой и югозападном предполем. Граничная зона имеет характер разломной и подвижной зоны, но относительных движений не было возможно палеомагнитно доказать с нижнего палеозоя.

Summary

On the basis of new geomagnetic, deep-electric, palaeomagnetic, geothermal and deep-seismic measuring results anomalies of the geophysical field are investigated in the south-west marginal area of the Eastern European platform. It is shown that the physical-material structure of the platform is clearly distinguished from that of the south-west foreland. The boundary zone has the character of a zone of fracture and movement, relative movements, however, could not be detected palaeomagnetically since the Upper Palaeozoic.

Literatur

ARSHAWSKAJA, N.; BERZINA, I.; LUBIMOWA, E. A.: Geochemical and geothermal parameters for the Pechenga and Ricolatva regions, Baltic shield. — Geothermics, 1, 1, 25—30 (1972).

BIRKENMAYER, K., u. a.: Studia paleomagnetlczne skal polskich, II: Gorny Karbon., In: Dolny Perm Sudetow. — Rocz. pol. Tow. geol., 37, 435—474, Krakow 1968.

BRIDEN, J. C.; PIPER, J. D. A.: Palaeomagnetic studies in the British Caledonides VI: Regional and global implications. — Geophys. J., 34, 107—134, London 1973.

CREER, K. M.: The palaeogeography of the Palaeozoic including a discussion of the Lower Devonian geomagnetic field for Europe. In: RUNCORN, S. K. (Edit.): Palaeogeophysics. — S. 185—192 (1970).

FAINBERG, E. B.; BERDITSCHEWSKI, M. N.: Regionalnoje magnitowariacionnoje profilirowanije po metodu proiswodnych. — ISMIRAN, Isdat. Nauka, S. 79—93, Moskau 1976.

GIESE, P.; PRODEHL, C.; STEIN, A. (Edit.): Explosion Seismology. — Berlin 1976.

GUTERCH, A.; MATERZOK, R.; PAJCHEL, J.; PERCHUC, E.: Crustal structure from deep seismic sounding along International Profile VII on the territory of Poland. — XIVth General Assembly ESC, Proceedings, 281—293, Potsdam 1975.

HURTIG, E.: Untersuchungen zur Wärmeflußverteilung in Europa. — Gerlands Beitr. Geophys., 84, 3/4, 247—260, Leipzig 1975.

HURTIG, E.; OELSNER, C.: Heat flow, temperature distribution and geothermal models in Europe: some tectonic implications. — Tectonophysics, 41, Amsterdam 1977.

HURTIG, E.; TSCHERMAK, W.; STEGENA, L.: Heat flow in Europe and its tectonic implications in the Mediterranean Area and at the SW-border of the East-European platform. — Materialy i Prace (1977).

JANLE, P.: Synoptische Bearbeitung des südlichen Teiles von Skandinavien aus seismischen und gravimetrischen Ergebnissen. — Hamburger geophys. Einzelschriften, 19, Hamburg 1973.

KARNIK, V.: Seismicity of the European Area, Part 2. — Prag 1971.

MUNDT, W.: Der Charakter der geomagnetischen Säkularvariationen in Europa im Zeitraum von 1950—1970. — Veröff. Zentr. Inst. Phys. Erde, 23, 1—22, Berlin 1973.

PANASENKO, G. D.: Fennoscandian sejsmicity in 1951—1970. — ESC-Generalversammlung, Krakow 1976.

PORSTENDORFER, G.; GÖTHE, W.; LENGNING, K.; OELSNER, C.; TANZER, R.; RITTER, E.: Nature and possible causes of the anomalous behaviour of electric conductivity in the north of the GDR, Poland and the FRG. In: ADAM, A. (Edit.): Geoelectric and geothermal studies (East-Central Europe, Soviet Asia). — KAPG Geophysical Monograph, 487—500, Akademiai Kiado, Budapest 1976.

RITTER, E.: Frequenzabhängige geomagnetische Tiefensondierungen in der Anwendung auf verschiedene Leitfähigkeitsanomalien in Europa. — Diss., Karl-Marx-Univ. Leipzig, Leipzig 1970.

— Results of Geoelectromagnetic deep soundings in Europe. — Gerlands Beitr. Geophys., 84, 3/4, 261—273, Leipzig 1975.

ROTHER, K.; WIEGANK, F.: Zur Interpretation paläomagnetischer Daten von Europa. — Gerlands Beitr. Geophys., 84, 3/4, 179—214, Leipzig 1975.

SCHMUCKER, U.: Anomalies of geomagnetic variations in the Southwestern United States. — J. Geomagn. & Geoelectr., 15, 193—221, Kyoto 1963.

SCHMUCKER, U.; JANKOWSKI, J.: Geomagnetic induction studies and electrical state of the upper mantle. — Tectonophysics, 13, 233—256, Amsterdam 1972.

SOLLOGUB, V. B.; PROSEN, D.; MILITZER, H. (Hrsg.): Die Struktur der Erdkruste Mittel- und Südosteuropas nach Angaben der Tiefenseismik. — Geodät. u. geophys. Veröff., R. 3, 27, Berlin 1972.

TESCHKE, J.-H.: Entwicklung und tektonischer Bau des südwestlichen Randbereichs der Osteuropäischen Tafel. — Z. geol. Wiss., 3, 4, 1—151, Berlin 1975.

TSCHERMAK, W.; LUBIMOWA, E. A.: Heat flow map of Central and Eastern Europe (1 : 10000000). In: ADAM, A. (Edit.): Geoelectric and geothermal studies (East-Central Europe, Soviet Asia). — KAPG Geophys. Monograph, 376—380, Akademiai Kiado, Budapest 1976.

WIESE, H.: Tiefentellurik, Erforschung der Erdkruste durch geomagnetische Variationen. — Geologie, 4, 520—525, Berlin 1955.

Zeitschrift für angewandte Geologie, Bd. 23 (1977), Heft 11

Die Saxongliederung im Zentralabschnitt der Mitteleuropäischen Senke

KATZUNG, G., Berlin (unter Mitarbeit von FISCHER, U.; SIGENEGER, W.-D., Schwerin; JOHN, K.-H., Berlin; SÜSSMUTH, S., Gommern; WARNCKE, D., Grimmen)

Ablagerungen des Saxons (Unteres Perm) sind in der Mitteleuropäischen Senke durch die Erdgassuche in weiter Verbreitung nachgewiesen und vor allem lithologisch, d. h. im Hinblick auf ihre Speichereigenschaften untersucht und interpretiert worden (vgl. KATZUNG 1975). Bei der Gliederung dieser weitestgehend fossilfreien und vorherrschend klastischen Rotsedimente hat deshalb auch weniger die Korrelation zeitgleicher Profilabschnitte als vielmehr die „formationelle" Differenzierung in betont sandige und überwiegend siltig-tonige, Sulfate (und Halit) führende Einheiten im Vordergrund gestanden, wie in der Ostenglisch-Niederländischen und der Nordpolnischen Senke (STÄUBLE & MILIUS 1970, RHYS 1975, GURARI 1975).

In der Norddeutschen Senke mußte allein wegen der großen Mächtigkeiten (maximal 1310 m in der Bohrung Parchim 1 erbohrt) und des lateral wie vertikal stärkeren Lithofazieswechsels anders herangegangen und eine zwar auf lithologischen Merkmalen begründete, aber zeitstratigraphische Gliederung der Abfolgen versucht werden. Es war das Ziel, einerseits Speicher in Sandstein-Silt/Tonstein-Wechsellagerungen über kürzere und größere Distanzen zu verfolgen, andererseits Grundlagen für eine zeitlich-räumliche Analyse der lithologisch-paläogeographischen Verhältnisse und paläotektonischen Prozesse während des Saxons zu schaffen. Ausgangsdaten waren sowohl die Aufzeichnungen der Bohrlochvermessungen, besonders Gammalog, Neutron-Gamma-Log und Kaliber, als auch detaillierte Kernaufnahmen von annähernd 100 Bohrungen mit hohem Kernanteil der Saxonprofile, wodurch die eindeutige Ermittlung der Lithologie insgesamt sowie die Erfassung von Litholeithorizonten gewährleistet war.

Grundlage der Gliederung ist der zyklische Aufbau des Saxons. Die gesamte Abfolge umfaßt einen asymmetrisch-progressiven Großzyklus mit leicht rezessiver Tendenz, der aus mehreren Mesozyklen aufgebaut ist. Besonders der obere Teil des Saxons besteht aus Zyklen kleinerer Dimensionen vom Sohlbanktyp. Die Isochronie der Zyklen ergibt sich — zumindest für das jüngere Saxon — aus der gleichartigen Abfolge und dem niveaubeständigen Auftreten charakteristischer Litholeithorizonte; sie ist die Voraussetzung für die zeitstratigraphische Korrelation der Profile. Die basalen Sandsteine dieser Zyklen setzen zwar gelegentlich, wie sich aus Feinkorrelationen ergibt, regional schwach zeitverschoben ein, die Isochronie der für die Gliederung verwendeten Zyklen mittlerer und größerer Dimensionen bleibt aber insgesamt gewahrt.

Beim Vergleich der oberen Profilteile zeigte sich eine weitgehende relative (!) Mächtigkeitskonstanz der lithostratigraphischen Einheiten gegenüber den variierenden Gesamtmächtigkeiten des Saxons. Sie resultiert offenbar sowohl aus der Expansion des Beckens als auch aus der zum Bekkeninneren zunehmenden Kompaktion infolge des steigenden relativen Tonanteils. Relative Mächtigkeitskonstanz mußte mangels Kleinzyklen und Litholeithorizonten in ausreichender Anzahl für den unteren Teil der Profile angenommen werden; sie ist durch vereinzelte niveaubeständige Lithomerkmale vorerst hinreichend gesichert.

Die Gliederung (vertikal) der Profile erfolgte vom Hangenden zum Liegenden, vom feiner zum gröber unterteilten Profilabschnitt, die Korrelation (lateral) von Gebieten mit ausgeprägter zu Gebieten mit weniger deutlicher Zyklizität, d. h. von einer „mittleren Position" zum Beckenrand, wo die Zyklen versanden, und zum Beckenzentrum, wo die Zyklen vertonen. Die Typusprofile der lithostratigraphischen Abschnitte des Saxons wurden in Bereichen signifikanter Zyklizität zwischen Beckenrand und Beckenzentrum ausgewählt. Da die Abschnitte ausgeprägter Zyklizität entsprechend der generellen Expansion des Beckens in den Saxonprofilen beckenrandwärts vom Liegenden zum Hangenden „migrieren", liegt das Typusprofil für den ältesten Abschnitt nahe dem Beckenzentrum, das für den jüngsten nahe dem Beckenrand.

Wichtige Kriterien für die Korrelation der Zyklen sind markante lithologische Horizonte innerhalb der relativ monotonen feinklastischen Saxonabfolgen. Dazu gehören Konglomerate, die Basissandsteine der Sohlbankzyklen, abweichend gefärbte Lagen, oft mit merklich erhöhtem chemogenem Stoffbestand, und Steinsalzbänke. Die Konglomerate an der Basis des Saxons sind zeitdiskonforme Bildungen, diejenigen innerhalb des tieferen Saxons können jedoch teilweise über kürzere Distanzen niveaubeständig verfolgt werden. Mit Hilfe der Basissandsteine sind sichere Korrelationen über mittlere Entfernungen möglich — unter Beachtung der zuvor genannten Einschränkung. Signifikant, weit verbreitet und zeitkonform treten „Bunte Horizonte" oder „Laminite" auf. Es sind Dezimeter bis mehrere Meter mächtige Lagen bzw. Pakete von dunkelvioletter, grüner und grauer Färbung sowie klastischer bis überwiegend karbonatisch-anhydritischer Zusammensetzung, die außerdem oft synsedimentäre Deformationen aufweisen (KATZUNG & SIGENEGER 1979). Auf Grund spezifischer individueller Merkmale sowie bestimmter Positionen untereinander können sie selbst bei sehr großen Abständen der Aufschlüsse in den weitaus meisten Fällen eindeutig identifiziert werden, allerdings unter der Voraussetzung, daß Kernmaterial vorliegt. Sie sind eine wesentliche Voraussetzung für die Korrelation der Saxonprofile in dem von den Verfassern untersuchten Gebiet. Steinsalzbänke besitzen ebenfalls einen sehr großen Leitwert, selbst für die Korrelation getrennter Salinarbecken.

Die Liegendgrenze des Saxons kann in der Regel sicher verfolgt werden. In den meisten Fällen bilden Eruptiva des Autuns die Unterlage. Wenn sedimentäres Autun unterlagert, ist ein mehr oder weniger deutlicher lithologischer Wechsel (Färbung, Korngröße, Zusammensetzung) zu beobachten. In vielen Fällen ist auch — als Folge der saalischen tektonischen Bewegungen — eine Diskordanz ausgebildet. Sie ist bislang der einzige Anhaltspunkt für eine Korrelation mit dem Typusprofil der Autun/Saxon-Grenze im Thüringer Wald (HAUBOLD & KATZUNG 1972).

Die Hangendgrenze des Saxons ist durch den überlagernden Kupferschiefer lithologisch eindeutig, scharf und zudem zeitkonform fixiert.

Bei der Gliederung der Saxon-Profile und deren Korrela-

Eingang des Manuskripts in der Redaktion: 20. 6. 1977.

tion mußte zwangsläufig die paläogeographisch-paläotektonische Entwicklung des Saxonbeckens berücksichtigt werden. Der Vergleich relativ geringmächtiger Abfolgen in randnaher Position sowie über Schwellen ergab, daß sich der Sedimentationsraum im Verlauf seiner Auffüllung, vor allem während des jüngeren Saxons, erweitert hat, so daß zu den Beckenrändern hin immer jüngere lithostratigraphische Einheiten (Zyklen) auf die Präsaxonunterlage „transgredieren". Infolge dieser Expansion ist die Saxonbeckenfüllung im Liegenden asynchron begrenzt.

Am Südrand der Norddeutschen Senke — im Raum Flechtinger Scholle — Subherzyn — östliches Harzvorland — ist das ältere Saxon auf einzelne, zumeist voneinander getrennte Senken beschränkt, das jüngere greift zum Beckenrand wechselnd auf Autun, Präperm und dieses ältere Saxon über. Dieser Hiatus war ursprünglich die Grundlage für die Zweiteilung in Saxon I und Saxon II (KATZUNG 1970). Im Beckenzentrum ist ein derartig markanter Schnitt zwischen älterem und jüngerem Saxon nicht erkennbar. Dort scheint keine Schichtlücke zu existieren, und die sandigen Basalsedimente des jüngeren Saxons können bereits in der Altmark nicht mehr eindeutig identifiziert werden. Das Gesamtprofil des Saxons besteht aus zwei Abschnitten,

— einem unteren, undeutlich zyklisch ausgebildeten, überwiegend sandigen, und
— einem oberen, sehr prägnant zyklisch entwickelten, basal sandigen, oben sandig-siltig-tonigen,

die jedoch nicht ohne weiteres als Äquivalente des Saxon I und des Saxon II angesehen werden dürfen.

Diese Zweiteilung des Saxons ist der Standardgliederung für den Nordteil der DDR zugrunde gelegt worden (Tab.). Nach dem bisherigen Aufschluß- und Kenntnisstand können im unteren Abschnitt zwei Mesozyklen ausgehalten werden, während sich der obere aus vier Mesozyklen aufbaut. Die beiden oberen Mesozyklen weisen zudem eine klein- und kleinstzyklische Untergliederung auf.

Die hierarchische Einordnung dieser Zyklen unterschiedlicher Ordnung in die regionale stratigraphische Skala geht davon aus, daß das mitteleuropäische Perm aus drei Serien besteht: Autun, Saxon, Thuring (Zechstein). Der untere und obere Abschnitt des Saxons besitzen demnach den Rang von Folgen, und die Mesozyklen sind als Schichten anzusprechen.

Die Benennung dieser lithostratigraphischen Einheiten (vgl. Tab.) berücksichtigt die Verbreitungsgebiete typischer Ausbildung (Folgen) bzw. die Namen der für die Stratotypen ausgewählten Bohrungen (Schichten). In Anlehnung an die Namengebung der Zechsteinfolgen (-zyklen) wurden für die Folgen des Saxons Flußnamen ausgewählt, die zugleich paläotektonische Einheiten (Senken) im Saxonbecken bezeichnen: Havelfolge (unterer Abschnitt) und Elbefolge (oberer Abschnitt).

Das vollständigste Profil der Havelfolge wurde bisher mit der Bohrung Mirow 1 erschlossen. In dieser Bohrung ist der Stratotyp des oberen Mesozyklus festgelegt. Da in absehbarer Zeit mit stratigraphisch tiefer reichenden Profilen zu rechnen ist, wird für den unteren Mesozyklus vorerst kein Stratotyp fixiert und kein Name vergeben. Für die Schichten der Elbefolge wurden Stratotypen in den Bohrungen Rambow 11, Eldena 1, Peckensen 4 und Mellin 4 ausgewählt. Auf Grund ihres deutlichen und weit verbreiteten kleinzyklischen Aufbaus sind die Peckensen-Schichten und Mellinschichten weiter untergliedert.

Die Sicherheit der Grenzen zwischen den Zyklen ist sowohl

Tab. Gliederung des Saxons im Zentralabschnitt der Mitteleuropäischen Senke

System	Serie	Folge	Schichten	
PERM	Thuring	Werra-Folge	(Kupferschiefer)	
	Saxon	Elbe-Folge	Mellin-Schichten	obere
				untere
			Peckensen-Schichten	obere
				mittlere
				untere
			Eldena-Schichten	
			Rambow-Schichten	
		Havel-Folge	Mirow-Schichten	
	Autun			

vertikal als auch lateral unterschiedlich zu bewerten. Sie nimmt vom Hangenden zum Liegenden sowie vom Beckenzentrum bzw. dessen Flanken zu den Beckenrändern ab. Trotz dieses Fortschritts in der Gliederung des Saxons im Zentralabschnitt der Mitteleuropäischen Senke bleiben einige Probleme noch nicht völlig geklärt. Das betrifft die Sicherheit der Gliederung im tiefsten Profilabschnitt, die Rolle der salinaren Sedimente und ihrer Faziesvertretungen, die Bedeutung von Mächtigkeitsveränderungen in Teilabschnitten und das Auftreten größerer Schichtausfälle in Beckenrandgebieten. Des weiteren bleibt zu prüfen, wann der strukturelle Umbau des Beckens exakt erfolgte. In Abhängigkeit davon ist die Lage der Grenze zwischen der Havelfolge und Elbefolge innerhalb der Gliederung nach Mesozyklen zu präzisieren.

Eine ausführliche Dokumentation und Interpretation des derzeitigen Kenntnisstands über die Gliederung und Korrelation des Saxons in dem hier betrachteten Raum und ihr Anschluß an die Profile in den klassischen Gebieten des Rotliegenden befindet sich in Vorbereitung.

Zusammenfassung

Ausgehend vom zyklischen Aufbau des Saxons, gestützt durch die Korrelation markanter lithologischer Leithorizonte sowie unter Berücksichtigung der paläogeographisch-paläotektonischen Beckenentwicklung wird eine Standardgliederung des Saxons für den Zentralabschnitt der Mitteleuropäischen Senke in Folgen und Schichten vorgestellt. Die Benennung der lithostratigraphischen Einheiten berücksichtigt die Verbreitungsgebiete typischer Ausbildung bzw. die Namen der für die Stratotypen ausgewählten Bohrungen Die Sicherheit der Grenzen und noch nicht völlig gelöste Probleme werden aufgezeigt.

Резюме

Исходя из циклического строения саксона, поддерживано корреляцией ярких литологических реперных горизонтов как и при учете палеогеографическо-палеотектонического развития впадины представляется стандартное расчленение саксона для центральной части Средне-европейской впадины на серии и слои. Обозначение литостратиграфических

Zeitschrift für angewandte Geologie, Bd. 23 (1977), Heft 11

единиц учитывает области распространения типичных образований или же названия выбранных для стратотипов скважин. Представляется надежность границ и еще не совсем решенные проблемы.

Summary

Proceeding from the cyclic structure of the Saxonian, a standard division in suites and beds is presented for the central section of the Central European depression, when supported by the correlation of striking lithological key horizons, and when taking into account the palaeogeographical-palaeotectonic development of the basin. The designation of the lithostratigraphical units considers the areas of distribution of typical development and the names of borings selected for the stratotypes. The security of boundaries and problems still incompletely solved are indicated.

Literatur

GURARI, F. G.: Über die Erdöl-Erdgasführung der permischen Ablagerungen in der Polnisch-Deutschen Megasenke. – Sow. Geol., 7, 48–61, Moskau 1975 (russ.).

HAUBOLD, H.; KATZUNG, G.: Das Typusgebiet der Grenze Autun/Saxon im Thüringer Wald. – Ber. dt. Gesellsch. geol. Wiss., A, 17, 849–863, Berlin 1972.

KATZUNG, G.: Das Permosiles im Südteil der Deutschen Demokratischen Republik – Ein Überblick. – Ber. dt. Gesellsch. geol. Wiss., A, 15, 7–27, Berlin 1970.

KATZUNG, G.: Tektonik, Klima und Sedimentation in der Mitteleuropäischen Saxon-Senke und angrenzenden Gebieten. – Z. geol. Wiss., 3, 1453–1472, Berlin 1975.

KATZUNG, G.; SIGENEGER, W.-D.: Zur Verbreitung und Ausbildung des Rotliegendsalinars in der Mitteleuropäischen Senke. – Jb. Geol., 13 (1977), Berlin 1979.

RHYS, G. H.: A proposed standard lithostratigraphic nomenclature for the Southern North Sea. In: A. W. WOODLAND (Hrsg.): Petroleum and the continental shelf of North West Europe. – 1, 151–162, Barking 1975.

STÄUBLE, A. J.; MILIUS, G.: The geology in the Groningen gas field. – Amer. Assoc. Petr. Geol. Bull., 14, 359–369, Tulsa (Okla.) 1970.

Ergebnisse, Trends und Perspektiven des XXV. Internationalen Geologischen Kongresses in Sydney, Australien, 1976

Teil I.

JUBITZ, K.-B.; TISCHENDORF, G., Berlin; WIENHOLZ, R., Freiberg

Vom 16. 8. bis 25. 8. 1976 fand in Sydney, Australien, der XXV. Internationale Geologische Kongreß (IGC) statt, der im Vierjahresrhythmus unter der Schirmherrschaft der Internationalen Union für Geologische Wissenschaften (IUGS) abgehalten wird. Das Hauptanliegen der Kongresse besteht im internationalen Erfahrungsaustausch über Stand und Entwicklungstendenzen der geowissenschaftlichen Forschung sowie ihrer Anwendung für ökonomische Fragen. Während des letzten Jahrzehnts gewinnt dabei mehr und mehr der Aspekt der Koordinierung von Forschungsarbeiten mit überregionalem und globalem Charakter sowie der Kooperation in internationalen Programmen an Bedeutung und auch Einfluß.

Im Rahmen des Kongresses wurden in Sydney durchgeführt:

- wissenschaftliche Sitzungen in 17 Fachsektionen (z. T. A- und B-Reihen) und 35 Symposien von überwiegend Querschnittscharakter mit insgesamt 1000 Vorträgen;
- Geschäftssitzungen des IGC und der IUGS sowie der der IUGS angegliederten wissenschaftlichen Organisationen (IMA, IAGOD, IAGC, IPA ...) und ihrer Arbeitsgruppen;
- Arbeitsberatungen von Kommissionen und Komitees der IUGS (Kommission für Stratigraphie, Marine Geologie, Systematik der Eruptivgesteine, INHIGEO ...);
- Arbeitsberatungen und wissenschaftliche Sitzungen von internationalen wissenschaftlichen Programmen und Projekten, wie der Kommission für die Geologische Karte der Welt (CGMW), Geodynamik-Projekt (ICG), Internationales Geologisches Korrelationsprogramm (IGCP) sowie der zugehörigen Arbeits- bzw. Projektgruppen (z. B. MAWAM ...).
- 22 Vor-, 17 Nachexkursionen (Dauer je 6 bis 8 Tage) sowie 22 Exkursionen während des Kongresses (Dauer je 1 bis 2 Tage). Die meisten Fachexkursionen fanden in Australien statt; einzelne führten nach Neuseeland und Papua-Neuguinea. Thematischer Schwerpunkt waren Informationen über lagerstättenkundliche Fragen sowie geologische Typengebiete Australiens und des südwestlichen Randbereichs des Pazifiks.
  Außerdem endete eine mehrwöchige marine Forschungsreise des sowjetischen Forschungsschiffes „MENDELEJEW" zur Problematik der „Ophiolithe" im westlichen Pazifischen Raum zwischen Wladiwostok, dem Philippinengraben, Marianengraben, dem Malaiischen Archipel und Neuguinea – veranstaltet mit internationaler Beteiligung im Rahmen der Projektarbeiten 39 des IGCP – am Tagungsort Sydney;
- eine wissenschaftliche Ausstellung zur Darstellung des Stands gezielter geologisch-ökonomischer Tätigkeiten auf dem Gebiet der Ressourcenforschung in Australien sowie zur Demonstration des internationalen Stands im geologischen Kartenwesen, speziell im Bereich der thematischen geologischen Karten.

Eingang des Manuskripts in der Redaktion: 14. 7. 1977.

Der Kongreß wurde von ca. 2500 Geowissenschaftlern (zuzüglich ca. 500 Begleitpersonen) aus 71 Staaten besucht. Die gegenüber dem XXIV. IGC in Montreal 1972 eingetretene Verringerung der Teilnehmerzahl (dort 5000 Geowissenschaftler) ist auf die geographische Lage des australischen Kontinents und die damit verbundenen schwierigeren Anreisebedingungen aus der Mehrzahl der „klassischen geologischen Gebiete" der Nordhalbkugel der Erde zurückzuführen. Die meisten Teilnehmer (1500) kamen aus Australien selbst, es folgten 350 aus den USA, 125 aus Kanada, je 80 aus der UdSSR und Frankreich. Die europäischen sozialistischen Staaten entsandten Delegationen von durchschnittlich 3 bis 8 Geologen.

Seitens des gastgebenden Landes lag die Vorbereitung des Kongresses in den Händen eines nationalen Organisationskomitees unter der Leitung seines Präsidenten, Prof Dr. NORMAN FISHER, und seines Generalsekretärs, Dr. ALEXANDER RENWICK, beide Bureau of Mineral Ressources (BMR), Canberra City, ACT 2601. Das Patronat über den IGC hatte Sir JOHN KERR, Generalgouverneur von Australien, übernommen.

Wie wir bereits im Bericht zum XXIV. IGC in Kanada eingeschätzt haben (TISCHENDORF & JUBITZ 1973), zählen die Arbeitsberatungen der Komitees der IUGS, ihrer Assoziationen sowie die der Arbeitsgruppen der internationalen Programme und Projekte zu den effektivsten und damit wichtigsten Veranstaltungen während des Kongresses, weil dort die neuesten Forschungsergebnisse vorgelegt und diskutiert und somit wesentliche Informationen erhalten werden. Hierin sind ferner die wichtigen Spezialberatungen der IUGS zum Fortschritt und zur Dokumentation des Internationalen Führers für Stratigraphie, zum Stratigraphischen Lexikon, zur Silur-Devongrenze sowie zur Klassifikation und Nomenklatur von Tiefengesteinen eingeschlossen, die während der letzten Arbeitsperiode seit dem XXIV. IGC einen bemerkenswerten Fortschritt verzeichnen konnten. Unter diesem Gesichtspunkt haben die DDR-Delegierten insbesondere an den Beratungen nachfolgender Organisationen teilgenommen:

- Internationales Geologisches Korrelationsprogramm (IGCP);
- Interunionskommission für Geodynamik (ICG);
- Kommission für die Geologische Karte der Welt (CGMW);
- Internationales Komitee zur Geschichte der Geologischen Wissenschaften (INHIGEO);
- Internationale Assoziation für die Genesis von Erzlagerstätten (IAGOD).

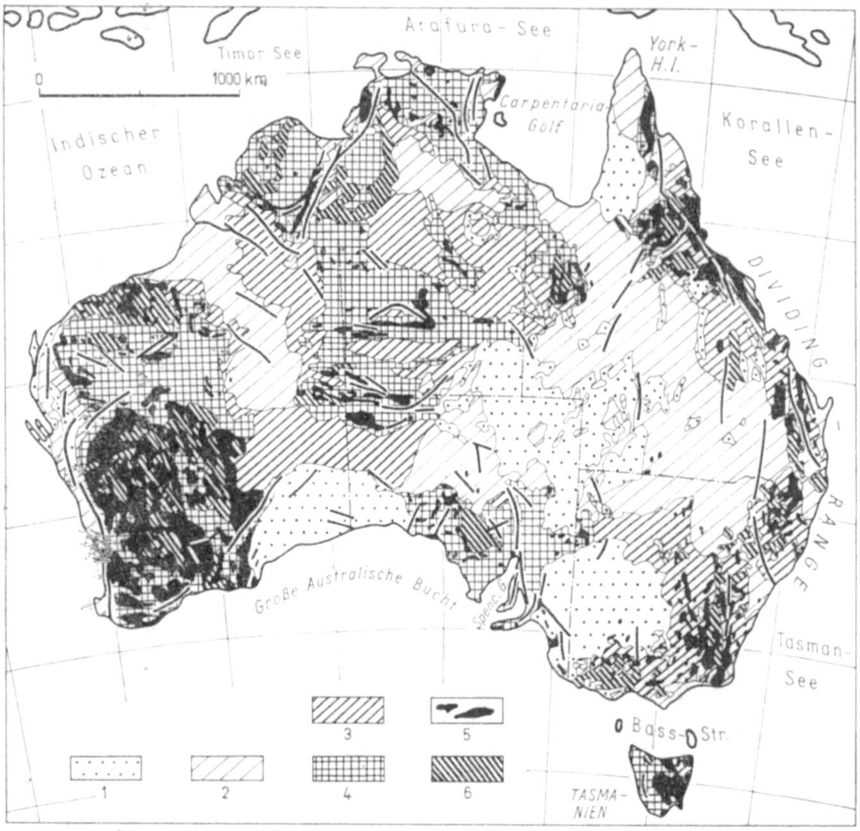

Abb. 1. Geologische Karte Australiens

schematisiert nach: Geol. Map Australia, 1 : 12 Mill., BRM, Canberra A. C. T. 1971 (Nachdruck 1973)
1 – Känozoikum; 2 – Mesozoikum; 3 – Paläozoikum; 4 – Präkambrium, Proterozoikum + Archaikum; 5 – Tiefengesteine, sauer + basisch; Vulkanite, sauer + basisch

Abb. 2. Strukturelle Gliederung Australiens nach Fundamentalter und Mobilität des Deckgebirges (Becken)

vereinfacht nach RUTLAND (1976)
1 – Pilbara-Yilgarn-Komplex; 2 – Arunta-Gawler-Komplex; 3 – Tasmaniden (Kaledoniden + Varisziden im europäischen Sinn); 4 – Grenzen der Hauptkomplexe; 5 – Grenzen der Subkomplexe; 6 – Außenrand der „paratektonischen Zone" der Tasmaniden; 7 – Vulkangürtel (Paläozoikum); 8 – Hauptüberschiebungen; 9 – Beckenachsen, speziell im Bereich der Amadeus-Transversalzone; Doppelkreise – Gebiete der geologischen Fachexkursionen der DDR-Teilnehmer am 25. IGC

Von besonderem Wert waren in diesem Zusammenhang außerdem die Befahrungen einiger geologischer Typengebiete Australiens im Rahmen des Fachexkursionsprogramms des XXV. IGC, so in Zentralaustralien (Amadeusbecken) und im Bereich der Tasmaniden (Erzlagerstätten der Insel Tasmanien, Yassdistrikt als Teil des Lachlantektogens, Becken von Sydney (vgl. Abb. 2)). Hier ergaben sich in methodischer Hinsicht wichtige Ansatzpunkte für einen Vergleich mit den Paläozoiden Mitteleuropas sowie der Mitteleuropäischen Senke, speziell dem Norddeutsch-Polnischen Becken (u. a. Metallogenie, Tektonik, Beckendynamik).
Nachfolgend werden einige Schwerpunkte und Trends in der gegenwärtigen geowissenschaftlichen Forschung dargestellt, wie sie aus der Gesamtheit des Kongresses, speziell den Sektionen und Symposien, ableitbar sind. Entsprechend dem Gesamtangebot von mehr als 1 000 Vorträgen sowie den eigenen Möglichkeiten, sich nur einen anteiligen Überblick über dieses Angebot zu verschaffen, müssen die nachstehenden Ausführungen subjektiv vorbelastet sein und können daher selbstverständlich keinen Anspruch auf eine vollständige Berichterstattung über den Gesamtkongreß beanspruchen. Die Auswahl der Berichterstattung erfolgte nach Aspekten, die für eigene geologische Fragestellungen im Territorium der DDR von besonderem Interesse sind, vor allem unter dem Gesichtspunkt von Analogievergleichen oder methodischen Forschungen.

A. Zu Einzelfragen und Trends des wissenschaftlichen Fortschritts (Auswahl)

1. Stoff und Alter tiefer Krustenanschnitte

Der Darstellung der Besonderheiten des Präkambriums in Australien und insbesondere der geotektonischen Entwicklung dieses sehr langen Zeitabschnitts wurde während des Kongresses viel Aufmerksamkeit geschenkt, weil nahezu 3/4 dieses Kontinents von proterozoischen und archaischen Gesteinen aufgebaut und zahlreiche Großlagerstätten auch formationell mit archaischen bzw. proterozoischen Prozessen verknüpft sind: Der Goldlagerstättenkomplex von Kalgoorlie und die metamorphen Eisenerze vom Hamerslaybasin (Typ Kriwoi Rog) in Westaustralien, der Uranbezirk von Rum Jungle nahe Darwin im Nordterritorium (vgl. Abb. 6) sowie die unikalen Buntmetallagerstätten von Mount Isa (Queensland) und Broken Hill (Neusüdwales) zählen hierzu. Wir finden die erst in letzter Zeit zunehmend postulierte These bestätigt, daß nicht nur das Präkambrium eine lange, für die spätere Entwicklung der Erdkruste sehr relevante Periode darstellt, sondern daß diese Periode auch außerordentlich metallogenetische Bedeutung besitzt. In diesem Zusammenhang ist die Klärung überregionaler genetischer Beziehungen des Fundaments von Australien, Afrika, Indien, Südamerika und der Antarktis von besonderer Bedeutung, um Lagerstättenbeziehungen im ehemaligen Superkontinent Gondwana zu klären und für die Prognose perspektivisch zu nutzen.
Ein Modell der Bildung der ältesten Granitoide und der ersten Sialkruste zeigt, daß die Basalt- und Granitschicht offenbar nicht nacheinander, sondern gleichzeitig entstanden sind. Erst ab einer bestimmten Krustenmächtigkeit am Ende des Archaikums wird ein tektonischer Stil entwickelt, der — mit Metamorphose- und Wiederaufschmelzung sialischen Materials der Oberkruste verbunden — dem heutigen Bauplan entspricht.
Auch in der Sektion Petrologie wurden zumeist Probleme behandelt, die für den australischen Kontinent und den sich anschließenden pazifischen Raum von großer Bedeutung sind: der Inselbogenmagmatismus, die magmatischen Erscheinungen an Plattenrändern, die mit den dazitisch-andesitischen Gesteinen der Inselbögen verbundenen Lagerstätten vom dissaminated copper-Typ.
Petrographische Kriterien für die Unterscheidung von metallogenetisch perspektiven und nichtperspektiven porphyrischen Gesteinen sind die in diesen Gesteinen auftretenden Akzessorien Rutil und Apatit. Der Rutil Cu-führender Gesteine zeichnet sich durch rötliche Farbe und hohe V/Nb- und Cr/Nb-Verhältnisse aus. Der Apatit weist Zonarbau auf, der vom Zentrum ökonomisch bedeutsamer Körper zum Randbereich hin abnimmt.
Grundsätzliche Fragen der Metallogenie in Verbindung mit dem globalen Krustengeschehen wurden anläßlich des Kongresses im Zusammenhang mit Problemen der Plattentektonik diskutiert, da sich hier neue Ansätze für die Klärung von genetischen Beziehungen zwischen strukturellem und stofflichem Regime der Kruste (Raum—Stoff-Beziehungen) andeuten (vgl. Abschnitt A. 4).

2. Sedimentation — Beckenentwicklung — sedimentäre Lagerstätten, speziell Kohlenwasserstoffe

Im Rahmen der Sektion Stratigraphie und Sedimentologie wurden anhand systematischer Vergleiche von Biostratigraphie, physikalischen Altersbestimmungen und paläomagnetischen Messungen die Methodik einer paläomagnetischen Stratigraphie entwickelt (Gebiet Ostafrika).
Ein Modell des Untermiozänflyschs von Neuseeland (Waitemataflysch) (BALLANCE) hat, außer der Darstellung der Raum—Zeit-Beziehungen an distalen und proximalen Elementen des Flyschbeckens, allgemeine Aussagekraft in bezug auf die tektonische Stellung des Flyschbeckens im Bereich von Inselbögen und deren Vulkanismus („Zwischeninselbogenflysch"). Die gleiche Feststellung trifft für ein Modell von Intermontanbecken aus dem Gebiet Spaniens (Tajo, Duero, Jucar) zu (ORDONEZ), im Vergleich zu den variszischen Intermontanbecken wird hier die Beziehung der Klastite zu den lakustrischen Sedimenten (Dolomiten) und zu den Evaporiten (Anhydrit bis Halit) herausgestellt, ebenso die Kontrolle der Beckenbildung durch die Tektonik (Fundament) sowie durch exogene Faktoren (Stoffangebot).
In der Sektion Marine Geologie dominierte die Darstellung über die Bildungsbedingungen von Manganakkumulationen. So wurde im Nordwestatlantik eine Konzentration von Manganknollen auf dem Top und an den Flanken von Tiefseehügeln und Tiefseerücken bei 4 900 bis 5 400 m Wassertiefe angetroffen. Hier kommen zusammen mit Rotem Tiefseeton relativ hohe Gehalte an Mn, Fe, Cu, Ni, Zn im Sediment vor. Auf den Ebenen und in den Tälern fehlen wegen höherer Sedimentationsraten und z. T. auch Turbiditströmen die Manganknollen.
Im Bereich des Mittelatlantischen Rückens treten Mangankrusten auf Basaltkuppen und den Rändern der Rift Valleys auf. Es handelt sich um hydrothermal gebildete Vorkommen extremer Reinheit (39 Gew.-% Mn, 0,01 bis 0,07 Gew.-% Fe), die sehr schnell akkumuliert wurden (200 mm in 10^6 Jahren). Gebunden sind diese Vorkommen unmittelbar an die hydrothermalen Entlastungszonen des Sea-Floor-Spreading.
Manganzufuhr in die Ozeane erfolgte z. T. vom Festland durch Verwitterung kontinentaler Gesteine als Suspension (4×10^7 t Mn pro Jahr) und in Lösung 3×10^5 t Mn pro Jahr). Als zweite Lieferquelle müssen die Basalte der ozeanischen Rücken angesehen werden. Durch Auslaugung der jeweils neugebildeten ozeanischen Tholeite wird ein jährlicher Zuwachs von etwa 2×10^6 t Mn angenommen.
In bezug auf die Bildung von Phosphoriten bestehen zeitliche Zusammenhänge mit der Initialperiode des Sea-Floor-Spreading. In den ersten Stadien der Bildung Mittelozeanischer Rücken müssen phosphorreiche Magmen aufgetreten sein. Die Auslaugung P-reicher Gesteine führt dann zur erhöhten Phosphorakkumulation in den benachbarten Kontinentalschelfen.
Die Höffigkeit tiefer Sedimentbecken in bezug auf Kohlenwasserstoffe wurde anhand theoretischer Überlegungen für Beispiele der UdSSR diskutiert. Danach erfolgt in geringer Tiefe (bis 2 km) eine Methanbildung durch vorwiegend biochemische Prozesse. In Teufen bis 6 km dominiert Erdölbildung. Unterhalb dieser kommt es durch Thermokatalyse wieder zur Gasbildung. So sind z. B. in sehr tiefen Bereichen, wie der Kaspisenke mit 20 km und der Dnjepr-Donez-Senke bis zu 17 km Sedimentmächtigkeit, nur katagenetische Gase zu erwarten.
Zur Einschätzung der Perspektiven von Tiefseebecken an Kohlenwasserstoffen wurde, aufbauend auf einer Analyse der Rand- und Innenmeere des Pazifiktektogens sowie des mediterranen Tektongens und ergänzt durch geologische und geophysikalische Daten aus dem ozeanischen Bereich, eine Klassifizierung vorgeschlagen in:

a) hochperspektive Becken mit einer vollständigen Reihe positiver Indikationen für Öl und Gas und Sedimentbecken von 3 und mehr km Dicke (z. B. Nordaustralien, Ostchina, Beringsee);

b) perspektive Becken mit einer Anzahl positiver Indikationen und Sedimentmächtigkeiten von 3,0 bis 0,3 km (z. B. Venezuela-, Kolumbien-Becken, Ochotskisches Meer, Japan-See);

c) wenig perspektive Becken mit Sedimentmächtigkeiten unter 0,2 km.

3. Metallogenie – Erzlagerstätten

Es ist unverkennbar, daß das Interesse an den sogenannten stratiformen Lagerstätten weltweit anhält. Dies ist sicher nicht eine Modeerscheinung, sondern darauf zurückzuführen, daß ein Großteil von Lagerstätten, deren genetische Zuordnung früher umstritten war, zu diesem morphologischen Typ gehört und sich mehr und mehr die Erkenntnis durchsetzt, daß diese Lagerstätten ihre Entstehung vulkanogen-sedimentären Prozessen verdanken, d. h. in bezug auf die Elementherkunft magmatisch kontrolliert werden, in bezug auf die Elementausfällung jedoch tiefentektonisch-paläogeologisch: 90% der in Produktion stehenden Sulfidlagerstätten in der Welt werden heute dem vulkanogen-sedimentären Typ zugeordnet! Hieraus wird erkennbar, daß dieser genetische Typ nicht nur schlechthin eine weite Verbreitung besitzt, sondern in ihm zudem noch große Mineralmengen akkumuliert sind, die z. T. unikale Lagerstätten bilden. Dieser Lagerstättentyp wird sicher zukünftig nicht nur unser metallogenetisches, sondern vor allem auch unser lagerstättenökonomisches Interesse fordern.

Es ist weiterhin unverkennbar, daß in aller Welt der Feststellung von Kriterien für die Prognose und Suche von Lagerstätten große Aufmerksamkeit geschenkt wird. Das gilt sowohl für die Feststellung der Gesetzmäßigkeiten der regionalen Verteilung von Lagerstätten (Verbindung mit einem bestimmten Magmatismus, Paläogeographie und -tektonik, lithologisch-strukturelle Kontrolle) als auch für die quantitative, häufig auf statistischen Berechnungen beruhende Auswertung von Dispersionsaureolen in der Nachbarschaft von Lagerstätten und die Verwendung der Erscheinungen der Zonalität zur Erkennung des Aufbaus der Lagerstätten, ihre Tiefenfortsetzung und evtl. ihre laterale Entwicklung.

Interessant war schließlich auch die von POPOV geäußerte Meinung, daß Flysch und flyschoide Bildungen metallogenetisch nicht immer steril zu sein brauchen, sondern durchaus Buntmetallakkumulationen aufweisen können, wobei diese von den Bedingungen der Sedimentation kontrolliert werden.

Nicht unerwähnt bleiben darf schließlich jene Feststellung von STUMPFEL, die mit der Zunahme der Bedeutung von stratiformen Lagerstätten als Ganzes in enger Beziehung steht, daß nämlich Wolfram häufig in bestimmten Schichtenkomplexen (altpaläozoische, proterozoische) stratiforme Anreicherungen bildet. Es besteht somit die Möglichkeit, daß eine Reihe von Wolframlagerstätten, die mit Graniten assoziiert sind, ihren Wolframinhalt nicht dem granitischen Magma verdanken, sondern palingenisierten und assimilierten Nebengesteinen.

Wir müssen vermutlich insgesamt damit rechnen, daß für einen großen Teil von Elementen in geologisch frühen Perioden eine erste Akkumulation in Sedimenten erfolgte (u. U. durchaus mit vulkanogener Beteiligung) und daß erst in späteren Perioden durch Aufschmelzung partiell mit solchen Elementen

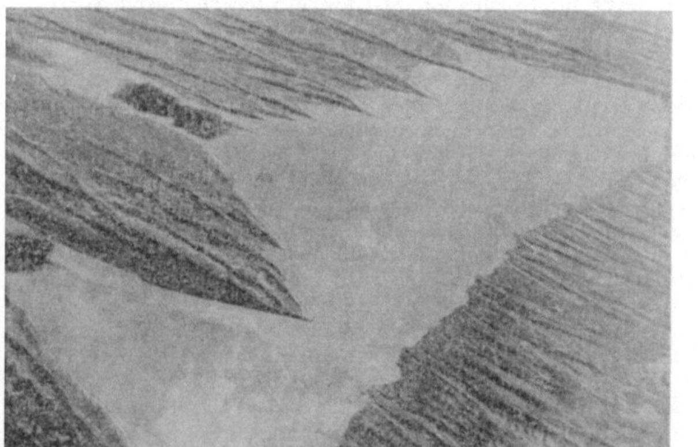

Abb. 3. Längsdünenfeld, überflutet von einem quer dazu gerichteten Salzsee (Playa), der im linken Bildabschnitt (SE) noch Restlaugen (dunkel) führt

Die Morphologie der quartären Dünen ist an der Isohypsenführung des Salzseespiegels erkennbar; Dünenabstand: mehrere 100 Meter, regionale Hauptrichtung: N–S bis NNW–SSE
Simpson-Wüste östlich des Eyre-Sees, nahe Lake Frome (Südaustralien), Großes Artesisches Becken
Flugaufnahme (ca. 5000 m Höhe) K.-B. JUBITZ

Abb. 4. Salzpfannenbildung (Playas) in quartären Akkumulationsgebieten, die morphologisch von barchanartigen, stark verwitterten Dünensystemen feinmodelliert werden

Bereich des Amadeus-Sees, ca. 320 km südwestlich Alice Springs N. T., Zentralaustralien
Flugaufnahme (ca. 500 m Höhe) K.-B. JUBITZ

angereicherter Sedimente die sog. spezialisierten Magmatite entstanden sind, die dann zur Bildung entsprechender postmagmatischer Lagerstätten beitragen.

In bezug auf die Klassifikation von endogenen Zinnlagerstätten wurden drei Vorschläge unterbreitet. Der erste basiert auf den Unterschieden in der Mineralparagenese (ŠTEMPROK), der zweite auf Unterschieden in der Lagerstättenformation (RUNDKWIST) und der dritte schließlich auf Unterschiede in der geologisch-geotektonischen Position (TAYLOR). Für eine umfassende Klassifizierung müßten schließlich alle drei Aspekte Berücksichtigung finden.

4. Struktur – Tektonik – Geotektonik, speziell Plattentektonik

Gemäß der allgemeinen Konzeption des XXV. IGC konzentrierten sich die strukturbezogenen Fragen auf zwei Schwerpunkte: die Plattentektonik speziell des südwestpazifischen Raums sowie die Gesteinsdeformation, insbesondere die Komplexbeziehungen von Metamorphose und Gefügeänderung/Stoffverhalten.

Der Hauptfortschritt auf dem Gebiet der Plattentektonik wurde offensichtlich bei der systematischen Untersuchung sowohl von aktiven als auch passiven Plattengrenzen unter dem Gesichtspunkt einer komplexen Analyse erreicht, d. h. durch die vergleichenden Analysen von Tiefenbau (Seismizität, Potentialfelder, Vulkanismus) und Oberflächenverhalten der höheren Kruste (Strukturbau, Paläomagnetismus).

Instruktive Beispiele hierfür sind die Beziehungen Australiens zum Indonesischen Faltengebiet – der längs einer Subduktionszone nach N unter den Sundabogen, speziell den Timortrog, abtauchende australische Kraton – sowie zur Inselkette Melanesiens (Neuguinea, Salomoninseln, Neue Hebriden, Neu-Kaledonien, Fidschiinseln) und Neuseeland. Letztere Gebiete stellen die komplizierten Wechselbeziehungen zwischen Pazifischer und Indischer Platte im weiteren Raum von Ozeanien dar, wobei es im Känozoikum zu Schollenrotationen von Plattenelementen gekommen ist (Gebiet Euromangagraben – Tongagraben). Der Riftprozeß im östlichen Teil Gondwanas setzte seit dem tieferen Mesozoikum ein, das Zerdriften seit dem höheren Jura (Abspalten Indiens von Australien); dabei trennte sich Neuseeland während der höheren Oberkreide/Paläozän vom australischen Kontinent, Neuguinea im frühen Eozän und die Antarktis im oberen Paläozän. Hiermit war infolge Sea-floor-Spreading die Neubildung ozeanischer Kruste verbunden (Tasmansee, Korallensee), wie BRANSON, RUTLAND,

Abb. 5. Struktureller Außenrand eines ringförmig aufgebauten Astroblems mit steil aufgepreßten Flankenstrukturen (Bergzüge) und stark erodiertem Zentralteil (rechts) als Gebiet maximaler Pyro- und Kataklase durch kosmische Einflüsse (Impact)

Alter der Schichten: Ordovizium (Zentralteil) bis Karbon (Außenrand); Alter der Deformation: 133 ± 3 Mill. Jahre nach K/Ar-Methode
Himmelsrichtungen: links – NNW, rechts – SSE (mit Blick nach N zum Mc-Donnel-Range). Gosses Bluff, Gebiet der Missionars-Ebene bei Hermannsburg, ca. 150 km westlich Alice Springs N. T., (Amadeus-Becken)

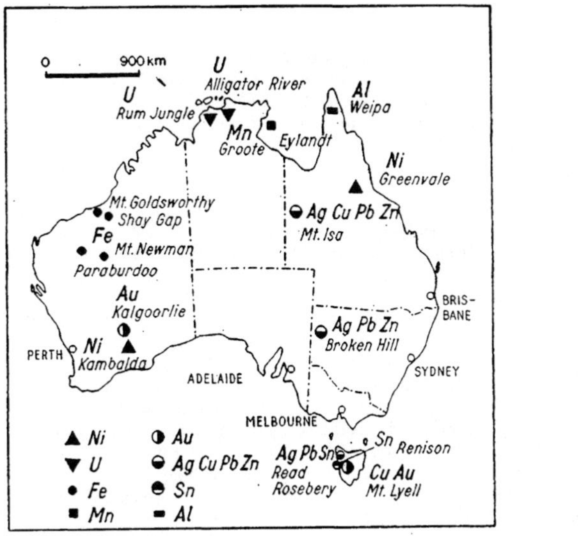

Abb. 6. Wichtigste industrielle Erzlagerstätten Australiens (Auswahl)

schematisiert nach BMP (Development of the Australien Mineral Industry, Norwood S. A., R 74/935)

Veevers und vor allem Falvey gezeigt haben. 18 Bohrungen des „Deep-Sea-Drilling Project" (DSDP) belegen diese modernen Grundvorstellungen.
Bemerkenswert ist in diesem Zusammenhang ein deutlicher Trend der Forschungen zur Klärung der Beziehungen zwischen Beckenbildung und Riftprozeß sowie, ganz allgemein darüber hinausgehend, zur „Intraplatetectonic" (Hsü, Illies). Hierbei kommen auch paläomagnetische Untersuchungen (einschließlich Bestimmung der „Wanderungsraten") verstärkt zur Anwendung. So wurde durch Branson u. a. im Gebiet des australischen Kontinents eine direkte Beziehung zwischen dem Rifting und dem Beckenbildungsprozeß der „Marginalbecken" (u. a. Canningbecken, Bonaparte Golf-B. im NW des Kontinents, Carpentaria-B. im N und Otway-B. im S; vgl. Abb. 2) nachgewiesen, deren bis zu mehreren 1000 m mächtige Füllung mit lakustrisch-fluviatilen Sedimente sowie Vulkaniten vom „Rift-valley-Typ" beginnt und mit marinen Sedimenten endet (Meso-Känozoikum). Letztere lassen sich heute bis zum Kontinentalhang Australiens verfolgen. Ein Strukturhiatus („breakup") in der Beckenfüllung bezeichnet den Höhepunkt des Riftprozesses als Übergang zur vollmarinen Sedimentation, der gleichbedeutend mit der Herstellung paläogeographischer Verbindungen zum ozeanischen Bereich und damit Einsetzen einer vollmarinen Sedimentation am Rande des Kontinents war. Die großen Erdöl-Erdgas-Lagerstätten Australiens im On- und Offshorebereich des Kontinents (Bass-Strait zwischen Victoria und Insel Tasmanien, Dampierbecken im NW des Kontinents) sind an diese Marginalbecken gebunden (vgl. Abb. 7).
Die sich im Innern des australischen Kontinents seit dem tieferen Proterozoikum vollziehende Beckenbildung wird, wie Plumb gezeigt hat, durch Blockstrukturen des Fundaments und damit Lineamente kontrolliert. Dabei wird die ursprünglich vorherrschende NW–SE-Richtung der älteren Becken (Officer-B., Amadeus-B.) später ab Trias durch eine vorherrschende NNE–SSW-Richtung abgelöst (Becken im weiteren Bereich der Tasmaniden im Ostteil des Kontinents). Typisch für die Beckengenese ist die Anlage zunächst schmaler Senkungströge, die sich im Lauf der Erdgeschichte in breite Syneklisen weiterentwickelten („Telescoping").
Ein weiterer Schwerpunkt geotektonischer Spezialuntersuchungen sind nach wie vor die Rifte (Rheintalgraben mit linkshändigen Scherzonen; Ostafrikanisches Rift/Anteil Äthiopisches Rift mit pliozäner und quartärer Bewegung von durchschnittl. 4 bis 6 mm/Jahr Horizontaldilatation). Auch hier werden komplexe Methoden (Seismizität, rezente Krustenbewegung, vulkanische Prozesse als Zeitmarken, aerogeologische Aufnahmen) zur Klärung der Bildungsabläufe dieser Großstrukturen erfolgreich eingesetzt.
Generelle Probleme der Geotektonik wurden vor allem durch Pejve (neues Modell mittelozeanischer Rücken am Beispiel der Nordatlantiks mit einem verformten, z. T. metamorphen unteren Stockwerk und einem höheren unverformten Stockwerk von Oligozän-Quartär-Alter), sowie durch Aubouin (Vergleich der Tektonik des Pazifiks, des Mediterrangebiets und Mittel- und Südamerikas mit Unterscheidung verschiedener Entwicklungsetappen in bezug auf tektonische Decken, Ophiolithe, Vulkanismus) vorgelegt.
Bemerkenswert ist die Weiterentwicklung der Hypothesen einer Erdexpansion anhand der Pazifikentwicklung (Avias, Crowford), wobei in methodologischer Hinsicht der Versuch erkennbar wird, Elemente der Plattentektonik mitzuberücksichtigen. Cady behandelte Fragen der geotektonischen Entwicklung und der geodynamischen Mechanismen als Funktion der Zeit und Erdgeschichte (Verbindung klassischer Geosynklinaltheorie mit Plattentektonik), Janšin und Beloussow Probleme der Umbildung der Kruste bzw. des Oberen Mantels im Bereich einer verdickten Lithosphäre.
Allgemeine Aspekte des systematischen Vergleichs von globalen Faltungsvorgängen nach Raum–Zeit und Intensität verfolgt das IGCP-Projekt 107 (Chain), das enge thematische Beziehungen zum Internationalen Geodynamik-Projekt (ICG), speziell der Arbeitsgruppe 9 (Beloussow, Trümpy, Zwart) aufweist.

Abb. 7. Wichtigste industrielle Erdöl-Erdgaslagerstätten sowie Kohlelagerstätten (Stein- und Braunkohlen) Australiens

Schematisiert nach BMR (Development of the Australien Mineral Industry, Coal, Norwood S.A. R 74/935)

Demgegenüber stehen die Pauschalvergleiche der paläozoischen Tektogene dies- und jenseits des Atlantiks (Kaledoniden und Varisziden Nordamerikas, Grönlands, Westeuropas und der Mauritaniden Westafrikas) unter mobilistischen Aspekten noch am Anfang (DEWEY, BROUWER, LORENZ, NICHOLLS), bedingt durch die Komplexität des Krustengeschehens und damit die strukturelle Inhomogenität dieser Räume für einen derartigen Globalvergleich. Der systematische Vergleich der tektogenetischen Entwicklung von Vorland und Tektogenkörper (ICG-Projekt) stellt hierzu aber einen sehr wichtigen Schritt realer Erkenntnisfindung dar (CHAIN).
Für den westlichen Teil des Alpentektogens lassen sich zunehmend Scherbewegungen vom Typ linkshändiger Horizontalbewegungen nachweisen, und zwar sowohl durch den Versatz von Flyschtrögen als auch durch junge Bewegungen, die nach dem Hauptdeckenschub der Alpen erfolgten (TRÜMPY).
Von grundsätzlicher Bedeutung sind die Versuche, die mobilistischen Vorstellungen des Krustengeschehens mit Raum—Stoff-vorgängen zu kombinieren. So behandelten zahlreiche Vorträge im Symposium Metallogenese und die neue Globaltektonik die Bedeutung von Subduktionszonen und der damit verbundenen Tiefentröge als Orte für die Erzlagerstättenbildung. Folgende Tendenzen zur Ableitung von Gesetzmäßigkeiten sind bereits heute erkennbar:

a) Lagerstätten, gebunden an Zonen, in denen Magmen aus mobilisiertem Oberen-Mantelmaterial und/oder geschmolzener ozeanischer Kruste intrudierten bzw. extrudierten. Neben der petrologischen Vergesellschaftung weisen auf einen solchen Ursprung die isotope Zusammensetzung von Blei, Strontium und Schwefel hin. Beispiele vom Balkan (Tethys), Amerika (Kordilleren), Australien (Lachlandgeosynklinale) zeigen, daß sich solche Zonen durch Subduktion und Konsumtion ozeanischer Kruste unter niedrig entwickelter, dünner kontinentaler Kruste und bei direkter Überlagerung ozeanischer Kruste durch mächtige nichtmetamorphe Sedimente entwickelten. Gebildet werden Cu-, Fe-, Mn- und Zn-Lagerstätten; daneben kommen Ag und Au vor.

b) Lagerstätten, gebunden an Zonen, in denen Magmen aus mobilisierter Kontinentalkruste intrudierten bzw. extrudierten. Verdickte, hochentwickelte, absteigende kontinentale Kruste und Subduktion kontinentaler Kruste führt zur Bildung großer Plutone, an die Blei- und Zinnlagerstätten (vorwiegend aus Material alter kontinentaler Kratone) und Molybdän-, Wolfram- und Antimonlagerstätten (aus synorogenen Sedimenten bzw. alten Kratonen) gebunden sind.

c) Nickel-, Chrom- und Platinlagerstätten, gebunden an die Tektogenen eingebauten Bruchstücke des Mantels und ozeanischer Kruste.

Als zweites erzlieferndes Element im Rahmen der Plattentektonik standen die mittelozeanischen Rücken zur Diskussion. Untersuchungen der submarinen Vulkanite und des Metallgehalts von Tiefseesedimenten (spez. im Ostpazifik) weisen die Spreadingzentren als Produzenten von Eisen, Mangan und Uran und sicherlich ebenso von Kupefr, Quecksilber, Zink u. a. aus.
Als Liefermechanismus werden hydrothermale Auslaugung von Basalten innerhalb der ozeanischen Kruste und vor allem Emanationen tiefer Herkunft (Mantel?) für wichtig gehalten.

5. Arbeitsmethodik und -technik — Kartenwesen

Für die Arbeitsmethodik ist der verstärkte Trend zum synoptischen Arbeiten sowohl auf überregionaler als auch globaler Basis bemerkenswert, wie er in deduktiven Arbeitsformen (Fernbeobachtungsmethoden — „Remote sensing", kleinmaßstäbliche Karten bzw. im Internationalen Geologischen Korrelationsprogramm (IGCP) zum Ausdruck kommt.
Charakteristisch für die Entwicklung der internationalen geologischen Karten ist das Erreichen einer gewissen Abschlußphase der „klassischen" geologischen Karten im Übersichtsmaßstab (Internationale Geologische Karte von Europa 1:1,5 Mill., Geol. Karte von Süd- und Südostasien 1:5 Mill., Geol. Weltatlas 1:15 Mill. u. a. m.). Hieraus resultiert der Trend zur „thematischen Karte", der auf dem Weg über die tektonischen Karten (u. a. 2. Ausgabe der Internat. Tekton. Karte von Europa usw. 1:2,5 Mill., Tekton. Karte von Europa 1:10 Mill., Internat. Tekton. Karte der Welt 1:15 Mill.) zur metallogenetischen Karte (u. a. Internat. Metallogenetische Karte von Europa 1:2,5 Mill. Metallogenetische Karte von Süd- und Südostasien 1:5 Mill.) führt. Auch das auf lagerstättengenetische Fragen orientierte Circum-Pazific-Projekt (CPP) läßt diesen allgemeinen Trend der Abarbeitung dieser logischen Hierarchie erkennen.
Weiterhin macht sich ein zunehmender Einfluß von interdisziplinären Arbeiten jetzt auch in den geowissenschaftlichen Kartenprojekten bemerkbar, die besonders durch die UNESCO gefördert werden (u. a. Seismotektonische Karten und Karten der rezenten Krustenbewegungen für Einschätzung des „Seismischen Risikos"). In diesem Sinn wurde auch das Kartenprojekt „Materialien zum tektonischen Bau von Europa", 1:6 Mill., bewertet, das seitens der DDR-Delegation im Rahmen der Sitzungen der Kommission für die Internationale Geologische Karte der Welt (CGMW) anläßlich des Kongresses mit neun Karten vorgelegt wurde (Deformationsstockwerke mit Ergänzungskarten Salinar, Vulkanismus, Initialite, Bruchstörungen, Rezente Krustenbewegungen, Seismizität). — Typisch für diesen Trend ist die zunehmende Kooperation von IUGS, IUGG, IAVCEI, IASPEI und anderen internationalen wissenschaftlichen Organisationen im Sinne einer objektbezogenen internationalen Forschung mit ausgesprochen wirtschaftlicher Zielstellung, d. h. Umsetzung sowie Nutzung der Forschungsergebnisse.

Von besonderem praktischen Interesse war in methodischer Hinsicht der Einsatz von Fernbeobachtungsmethoden (Aerofotografie bis Multispektralaufnahmen von ERTS-Satelliten) für Fragen der regionalen Strukturerkundung („Fotolineationen") sowie für Spezialprogramme der Ressourcenforschung, insbesondere von Schwermetallen. Vorgelegt wurden bevorzugt Ergebnisse der Bruchstörungsanalyse in Plattform- und Faltungsgebieten (Alpenraum und Mittelmeer, Mittelamerika, Australien) sowie deren Kombination mit der Analyse von magmatischen Körpern, speziell Gängen und Vulkaniten, zur Untergliederung kristalliner Komplexe. Im Vergleich dazu befindet sich die Struktur—Stoff-Analyse mittels aerokosmischer Mittel gegenwärtig offensichtlich noch im Stadium des empirischen Vergleichs (Beispiel: Buntmetall-Lagerstätten Australiens und Mittelamerikas); denn derartige Arbeiten setzen die aufwendige Kombination von aerokosmischen Methoden mit geologischen Felduntersuchungen voraus.
Auch vom wissenschaftstheoretischen Standpunkt ist die Einführung deduktiver Arbeitsmethoden in der Geologie, speziell für die vergleichende Regionalgeologie, von besonderem Interesse, da bereits bei der Primärdatendokumentation der Regionaldaten hohe Verallgemeinerungsstufen erreicht werden, die bisher nur induktiv und damit zeitaufwendig erzielbar waren.

Geologische Untersuchungen im Gebiet der Insel Jan Mayen

Teil II: Morphologische und petrographische Beobachtungen auf der Insel Jan Mayen

Udinzew, G. B.; Jemeljanow, E. M., UdSSR; Krüger, P., Berlin; Litwin, W. M.; Charin, G. S., UdSSR

1. Vorbemerkung

Im Rahmen der detaillierten geologisch-geophysikalischen Untersuchungen, die 1971 das Forschungsschiff „Akademik Kurtschatow" des IOAN der Akademie der Wissenschaften der UdSSR im Gebiet des Jan Mayen-Querbruchs durchführte (Belousow & Krasnow 1972, Udinzew 1974), wurden auch mehrere Exkursionen auf der Insel Jan Mayen selbst durchgeführt. Die von den Teilnehmern der 10. Reise des Forschungsschiffs „Akademik Kurtchatow" ausgeführten geologischen Marschrouten erfaßten den mittleren Teil der Insel Jan Mayen von der Kvalrossbukta (Walroßbucht) bis zum Krater Eggöja. Im nordöstlichen Teil der Insel wurde die junge Lavaterrasse untersucht, die sich im Resultat des Ausbruchs des Vulkans Beerenberg im Jahre 1970 bildete.
Während der geologischen Exkursion auf der Insel wurden folgende Punkte besucht: Der Berg Neumayer, der Krater Danielson, die Kraterklippe Eggöja, das südliche Ufer der Nordlaguna und das nördliche Ufer der Sörlaguna. An allen genannten Punkten wurden von den angetroffenen Gesteinen Proben entnommen, die eingehenden Untersuchungen durch das IOAN zugeführt wurden. Im vorliegenden Artikel werden die vorläufigen Ergebnisse der morphologischen und petrographischen Beobachtungen sowie erste petrochemische Analysen mitgeteilt.

2. Morphologie des Inselsockels

Das Gebiet um die Insel Jan Mayen weist einen komplizierten Bau des Meeresbodens auf. Hier erstreckt sich ein großer Querbruch (Transformbruch), der den Mittelozeanischen Rücken des Norwegisch-Grönländischen Bekkens zerteilt (Litwin 1968, Johnson 1968, Johnson & Heezen 1967). Südwestlich der Insel erstreckt sich der Isländische Rücken (auch Island-Jan-Mayen-Rücken genannt), nordöstlich der Insel der Mohnrücken. Direkt um Jan Mayen befindet sich ein großes Unterwassermassiv, das den Sockel der Insel bildet. Südlich erstreckt sich der horstartige Jan-Mayen-Rücken. Diese strukturelle Situation bedingt die komplizierte Tektonik des Gebiets um Jan Mayen.

3. Geomorphologie der Insel

Die Insel Jan Mayen erstreckt sich mit einer Länge von 54 km von SW nach NE und hat eine Fläche von 375 km². Den nordöstlichen Teil nimmt vollständig der große Vulkan Beerenberg ein, der eine Höhe von 2277 m über dem Meeresspiegel erreicht. Der südwestliche Teil stellt ein Bergmassiv dar, das aus mehreren zusammengeflossenen Vulkanen besteht, die ein welliges Plateau mit Höhen von 300 bis 500 m bilden. Den mittleren Teil der Insel bildet eine Landenge, entlang welcher sich eine vulkanische Hügelkette mit Höhen von 150 bis 200 m erstreckt. Am Fuße befinden sich Lagunen geringer Wassertiefe, die vom Meer durch sandige Landzungen abgetrennt sind.

Eingang des Manuskripts in der Redaktion: 24. 1. 1977.
Mitteilung aus dem „Schirschow"-Institut für Ozeanologie der Akademie der Wissenschaften der UdSSR (IOAN) Moskau und dem Zentralen Geologischen Institut Berlin

Nach Ergebnissen der geologischen Exkursionen der Teilnehmer der 10. Reise der „Akademik Kurtschatow" und nach Literaturangaben (Machatschek 1956, Wordis 1922) können die geomorphologischen Besonderheiten von Jan Mayen wie folgt dargestellt werden:

Auf dem südwestlichen Inselteil besteht das erwähnte Plateau aus vulkanischen Gesteinen des Quartärs. Vermutlich führten mehrere Lavaausbrüche im Pleistozän und Holozän zur Auffüllung der Räume zwischen den Kegeln, die sich jetzt in Form von Restspitzen über die Plateauoberfläche herausheben. In historischer Zeit kam es nicht zu Ausbrüchen der Vulkane im südwestlichen Teil der Insel.
Im mittleren Abschnitt der Insel befinden sich ebenfalls Vulkankegel des Quartärs, jedoch mit geringeren Ausmaßen. Die vulkanische Tätigkeit führte mit intensiven Denudationsprozessen zur Bildung der wellenförmigen vulkanischen Hügelkette mit steilen Randstufen. Überhaupt treten die Denudationsprozesse auf der Insel recht deutlich auf. Die Oberfläche der vulkanischen Gesteine besitzt überall einen hohen Klüftigkeitsgrad, verursacht — wie das für polare Gebiete typisch ist — durch die Einwirkung der Eisverwitterungsprozesse und die starken Temperaturschwankungen.

Das durch Klüfte angegriffene Gestein verwittert ziemlich leicht infolge Wind und Auswaschungen durch Wasserströme, die insbesondere während der Schneeschmelze und bei Regen auftreten. An den Ufern üben ihre aktive zerstörende Wirkung Sturmwellen aus, die praktisch von allen Seiten auf die Insel auflaufen. Alles das führt zur Bildung hoher Abrasionsstufen, die das Ufer der Insel fast überall umgeben. Lediglich in den wenigen kleinen Buchten findet man Strand mit sandig-kiesigem Lockermaterial. Die Hänge der Berge sind mit mächtigen Sand-Geröll-Schüttungen bedeckt, über denen sich felsige Reste mit bizarren Formen erheben.
Am Fuße der Hänge sammeln sich örtlich große Bruchstücke mit bis zu einigen hundert Tonnen Gewicht. An von Wind geschützten Stellen bilden sich mächtige Anhäufungen von ascheartigem Material, das typische geschichtete Lagen bildet. Jede Schicht zeichnet einzelne Ausbrüche oder Ausbruchstadien der Inselvulkane nach.

Den Ostteil der Insel nimmt der Vulkan Beerenberg ein. Er besitzt eine konusartige Form. Seine Hänge sind steil (die mittlere Neigung beträgt 18 bis 20°) und werden von zahlreichen Talsenken und Schluchten durchzogen. In der Bergspitze befindet sich der Hauptkrater, dessen Durchmesser 1,2 km beträgt. Dieser Krater und die Hänge des Bergs sind ab 500 m fast völlig mit Gletschern bedeckt. Nur einzelne Wände und Kämme treten aus der Gletscherkappe hervor. Die Gletscher reichen mit mehreren Zungen in die Talsenken bis zum Meeresufer. In historischer Zeit gab es keine Ausbrüche des Hauptkraters. Aus Seitenkratern, die sich an den Berghängen befinden, kam es jedoch 1732, 1818 und 1970 zu Ausbrüchen. Im Ergebnis des letzten Ausbruchs bildeten die aus Seitenkratern in einer Höhe von etwa 1000 m auslaufenden Lavaströme am nordöstlichen Ufer der Insel, im Gebiet der Clandeboys-Bucht eine in das Meer hinausragende Terrasse von 3,3 km² Fläche (Abb.). Der submarine Teil der Lavaterrasse dürfte nach den mit dem Bodengreifer entnommenen Proben noch

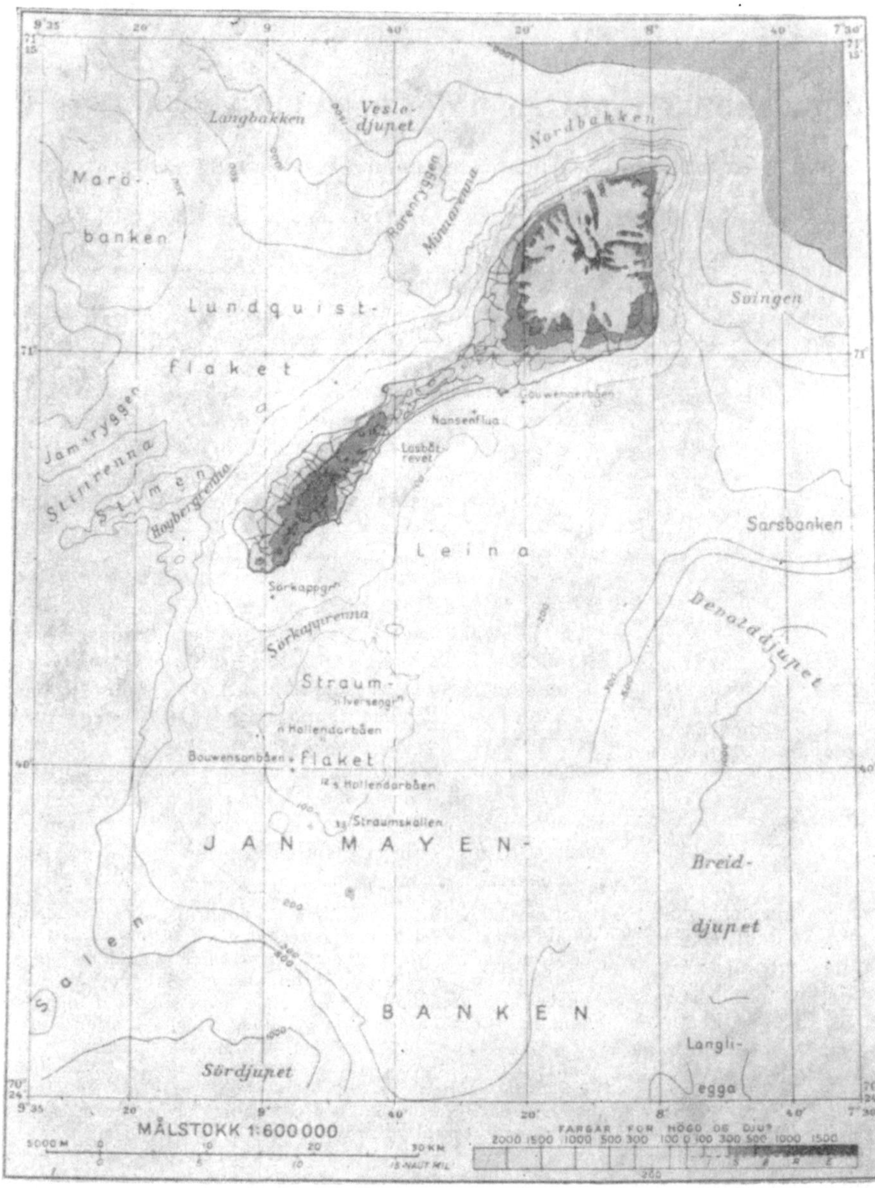

Abbildung

bedeutend weiter reichen. Die frische Lava konnte noch in Tiefen von mehr als 560 m festgestellt werden. Unter Berücksichtigung der Ausmaße der Über- und Unterwasserteile des Lavastroms kann man die gesamte, während des Ausbruchs von 1970 ausgeflossene Lava auf ungefähr 0,5 bis 0,6 km^2, d. h. auf ca. 1 Mrd. t schätzen (ohne die große Menge Asche, die über die gesamte Insel sowie deren Umgebung getragen wurde, s. auch UDINZEW u. a. 1974).

Die steilen Hänge des Beerenbergs im N und NE setzen sich auch unmittelbar unter dem Wasserspiegel fort und gehen in die Hänge der Querrinne über. Im W, S und SE geht der unter dem Wasser befindliche Hang der Insel in die hügelige Oberfläche des Jan-Mayen-Unterwassermassivs über (LITWIN 1964, JOHNSON 1968).

Der Charakter des Baus des Jan-Mayen-Massivs und des davon abzweigenden horstartigen Rückens zeugt nach unserer Ansicht von einem großen vulkanischen Plateau, das von Brüchen und Verwerfungen in Blöcke zerteilt ist.

Hier ist eine Analogie zum isländischen Vulkanmassiv, dessen quartärer und rezenter Vulkanismus durch das tertiäre Basaltplateau verläuft, das den östlichen und den westlichen Teil der Insel bildet. Vermutlich sind das Jan-Mayen-Massiv und der Jan-Mayen-Rücken Reste des tertiären Basaltplateaus, und die Riftzone verläuft entlang der Bodensenke westlich der Lundquistbank. Auf das Vorhandensein einer Riftzone verweisen die Epizentren der Erdbeben, deren Verbreiterungszone sich vom Isländischen Rücken durch ein Gebiet westlich Jan Mayen bis in den Bereich des Querbruchs erstreckt (SYKES 1965).

4. Bemerkungen zu den Vulkaniten

Der junge Basaltvulkanismus ist typisch für Jan Mayen und den sich dort befindlichen tätigen Vulkan Beerenberg die über dem Wasser befindliche Fortsetzung des südlichen Abhangs des Querbruchs dar. Natürlich entsteht die Frage über die Verbindung des Vulkanismus mit der Riftzone, die am Beispiel der Querrinne untersucht wurde, mit dem Vulkanismus der Insel Jan Mayen. Daher waren auch die, wenn auch in geringem Umfang, durchgeführten Untersuchungen auf dieser Insel äußerst wichtig.

Aus der uns bekannten veröffentlichten geologischen Literatur (CARSTENS 1961, FITCH u. a. 1965, WORDIS 1922 und 1926) wissen wir, daß die Insel aus vulkanischen Gesteinen des Pleisto-

Tab. Chemische Zusammensetzung der Basalte, Trachybasalte, Trachyandesite, Trachyte und Tuffe der Insel Jan Mayen (Analysen: IOAN Moskau, Atlantische Abteilung)

Probe-Nr.	3	5	6	8	13	14	17-2	17-5	26	1
SiO_2	46,27	55,74	47,58	54,04	47,40	58,81	54,40	56,55	46,58	64,88
TiO_2	2,07	1,4	2,2	1,7	2,45	1,14	1,94	1,35	2,8	0,60
Al_2O_3	18,33	18,88	16,31	19,20	18,86	19,28	18,42	19,14	18,93	16,10
Fe_2O_3	2,46	3,00	7,48	4,05	3,62	5,07	2,25	4,53	2,45	3,35
FeO	8,07	4,10	2,68	3,58	7,00	0,74	5,50	1,27	8,66	0,70
MnO	0,17	0,23	0,20	0,22	0,21	0,20	0,25	0,21	0,19	0,18
MgO	8,35	2,01	8,70	2,72	5,10	0,96	2,69	3,59	4,42	0,32
CaO	10,16	5,56	9,21	6,11	9,53	2,87	5,21	3,77	9,95	1,23
$Na_2O + K_2O$	1,69	7,62	4,22	7,13	3,85	9,20	7,64	6,61	3,94	0,94
H_2O^-	0,15	0,15	0,17	0,04	0,05	0,33	0,11	0,26	0,18	0,06
H_2O^+	1,08	0,34	0,70	0,22	0,52	1,17	0,49	0,25	0,80	1,13
P_2O_5	0,32	0,43	0,21	0,47	0,44	0,27	0,50	0,36	0,20	0,05
	99,12	99,46	99,66	99,48	99,03	100,04	99,40	97,89	99,10	89,54

3 — schwarzer Olivinbasalt, unterer Teil des Steilhangs des Walroßbucht; 5 — dunkelgrauer Trachyandesit, oberer Abschnitt des Steilhangs der Walroßbucht; 6, 8 — Trachybasalte, oberer Abschnitt des Steilhangs der Walroßbucht; 13 — schwarzer subalkalischer Basalt, Kernprobe aus einer Bohrung in der Nähe der Sörlaguna; 14 — Tuffbrekzie, Wand Sejla am Nordufer der Sörlaguna; 17-2 — Trachyandesit, Klippe Eggöya; 26 — Schlackenbasalt vom Lavastrom 1970 (NNE-Strand), Chandeboyebucht; 1 — Trachyt, Mindslasmojja, südlicher Teil von Jan Mayen, nach CARSTENS (1961)

zäns besteht. Die ältesten Gesteine (olivinbasaltische Lava) mit einem Alter von 0,5 Mill. Jahren sind an der Basis des Kliffs im südlichen Inselteil aufgeschlossen. Auf der Insel kommen außer Basalten auch Trachyandesite, Trachyte, Ankaramite und Muglarite vor. Die vulkanogene Folge, die den untersuchten Teil der Insel belegt, besitzt einen komplizierten Aufbau. Hier werden häufige Wechsellagerungen von Tuffen, Agglomeraten, vulkanogen-terrestrischen Ablagerungen mit Basaltströmen, Trachybasalten, Ankaramitbasalten, Anakaramiten und Trachyten angetroffen. Häufig sind auch auf der Insel lokale fluvioglaziale Sedimente und Tillite anzutreffen.

Das allgemeine Streichen der Schichten und Folgen ist SW—NE, der Einfallwinkel beträgt 5 bis 10° nach E. Zwischen den Horizonten pyroklastischer und vulkanogener Bildungen und den Lavaströmen ist eine diskordante Lagerung festzustellen.

ROBERTS & HAWKINS (1963) geben für den Nordteil der Insel folgenden Schichtenaufbau an:

1. Kwalrossbuktagruppe:	Basaltlaven und fossiler Schutt
2. Kapp Fischburntillite	
3. Kapp Muyengruppe:	Nordwestkapformation: überwiegend Basaltlava Harbestbergetformation: gelber Agglomerattuff Storfjelletformation: pyroklastische Kuppeln mit Laven
4. Nordkappgruppe:	Kokslettaformation: Basaltlaven und Pyroklastika Tromsrüggenformation: Basaltlaven und Pyroklastika

Im Zentralteil der Walroßbucht ist eine diskordante Lagerung eines Lavastroms und einer Folge grauer Tuffe gut zu erkennen. Hier am Ufersteilhang sind einzelne kleine Flexuren und Verwerfungen zu sehen, vermutlich sind die grauen und bräunlichen Tuffbrekzien, Tuffe und Agglomerate, die in der Walroßbucht im unteren Teil des Kliffs zutage treten, die ältesten Bildungen im untersuchten Inselabschnitt. Ihre erkennbare Mächtigkeit beträgt mehr als 100 m.

Mit einer Winkeldiskordanz auf den Agglomeraten und Tuffen lagert eine Folge von porösen und blasigen Olivinbasalten mit Zwischenlagen schwarzer und lilafarbener Tuffe und Agglomerate. Diese Folge wird durch eine Schicht roter Tuffbrekzien und Agglomerate von 5 m Mächtigkeit abgeschlossen. Die Ergebnisse der chemischen Analyse zeigen, daß an der Basis des Schnitts der Basalte eine Summe von Alkali ($Na_2O + K_2O$) enthalten ist, die sen den Tholeitbasalten annähert (Probe Nr. 3, Tab.), wogegen im oberen Abschnitt die Basaltfolge subalkalisch ist (Probe Nr. 6, Tab.). Die summarische Mächtigkeit dieser basaltisch-pyroklastischen Folge beträgt ca. 80 m.

Höher im Profilschnitt lagert eine Folge feinkörniger Trachybasalte, Trachysandseite, die sich von den Basalten der unteren Folge durch höhere Gehalte an Kieselsäure und Alkalien (Proben Nr. 5, und 8, Tab.) unterscheiden. Diese Gesteine bilden felsige Ausbisse und hohe Steilhänge über der Walroßbucht. Die sichtbare Mächtigkeit der Folge ist nicht geringer als einige Dekameter. Außer den aufgezählten Gesteinen wurden am Fuß des Steilhangs der Bucht Uferböschungen aus grauen und rosagrauen Gesteinen aufgefunden, die sich stark von den oben beschriebenen Gesteinen unterscheiden. In ihnen ist Biotit (bis zu 5%), Hornblende (bis 5···10%), monokliner Pyroxenaugit (bis 20···25%) vorhanden. Neben Labrador sind Albit und alkalische Feldspäte vertreten. Die Struktur ist doleritisch und porphyrisch. Die Hauptmasse ist trachytisch. Nach diesen Daten zu urteilen, ist dieses Gestein zu den Trachyten zu rechnen. Analoge Trachyte (Probe Nr. 1, Tab.) die Cristobalit enthalten, wurden durch CARSTENS (1961) im südlichen Teil der Insel beschrieben, wo sie einzelne Kuppeln bilden.

Von größtem Interesse ist die Klippe Eggöya am Ostende der Sörlaguna, die ein zerstörter Vulkankegel von 217 m Höhe ist. Am Fuße der Klippe, an deren Nordseite, wurden durch Schlammströme eine mächtige Folge vulkanmiktischer Sande und Kiese abgelagert. Der südliche Abhang fällt fast senkrecht ins Meer ab. Hier ist der schichtige Bau der tuffogenen Serie gut zu erkennen, die den Vulkankegel bildet. Eine Schicht grauer und gelblichgrauer Tuffe besitzt ein geringes Einfallen (bis 10°) nach N. In Nähe des Tops der Klippe Eggöya und am oberen Kraterrand wurden Schüttungen dunkelgrauer Trachybasalte, grauer Trachyandesite, rosa-grauer Trachyte mit Cristobalit, grünlich-graue Tuffe einer sauren Lava und feldspathaltige Gesteine festgestellt. Sehr interessant ist ein Bruchstück hellgrauen kristallinen feldspathaltigen Gesteins von kantiger Form (Größe 5 × 4 × 4 cm), das entlang einer Seite an einer Kluft abgetrennt ist und Gleitspuren aufweist. Die weiße Masse ist von Schmitzen schwarzer Lava sowie von Pyroxen- und Olivinphenokristallen durchzogen. Die mikroskopische Untersuchung belegte das Vorhandensein von saurem farblosen vulkanischen Glas und Cristobalit. Es muß erwähnt werden, daß solche Gesteine auf der Klippe Eggöya selten angetroffen werden. Die überwiegende Abart des vulkanischen Materials sind Trachyandesit und dessen Tuffe. Die Trachyandesite sind bezüglich ihrer Zusammensetzung (Proben 17-2 und 17-5, Tab.) ähnlich den Trachyandesiten der Walroßbucht.

Die Tuffe der Klippe weisen eine deutliche Karbonatisierung auf. Weniger deutlich ist eine Verkieselung. Die Karbonatisierung erfolgte in Form der Bildung eines Systems kleiner Schmitzen von Kalzit und eisenhaltigen Karbonaten in den Poren und Hohlräumen der Gesteine. Es wurden auch karbonatische Mandeln von kompliziertem Bau mit bis zu 12 Schalen angetroffen. Am Steilhang des nördlichen Ufers der Sörlaguna (Felswand Sejla) tritt eine tuffogene Folge von großer Mächtigkeit (über 100 m) aus Tuffen und Tuffbrekzien zutage. Es ist zu erwähnen, daß nach der chemischen Zusammensetzung die Tuffbrekzie einen hohen Kieselsäure- und Alkaligehalt (Probe 14, Tab.) aufweist, was sie den trachytischen Tuffen näherbringt. Vermutlich ist diese pyroklastische Folge mit dem Krater Danielson genetisch verbunden. Im Gebiet des eigentlichen Kraters und auf dem Kap Walroß wurden Lavaströme aus dichten grauen Trachybasalten mit Plagioklasphenokristallen und seltener Olivin angetroffen.

An der NNE-Peripherie der Insel Jan Mayen, im Gebiet der Clandeboyebucht, wurde eine Terrasse untersucht, die sich im Jahre 1970 durch den Ausbruch des Beerenbergs bildete und eine Flächenausdehnung von 3,3 km² aufwies. Diese Terrasse besteht aus porösen und grobblasigen Basalten, leichten Schlakkenbasalten und Basaltbimsstein. Die Farbe der Gesteine ist überwiegend braun und rötlich. Häufig tritt auch graue und dunkelgraue dichte basaltische Lava auf. In den Basalten werden oft große Pyroxen- und seltener Olivinphenokristalle angetroffen. Die chemische Analyse der Schlackenbasalte mit den Pyroxenphenokristallen des Ausbruchs von 1970 ist in der Tab. (Probe 26) enthalten. Nach der Summe von Kalium und Natrium kommt diese Lava einer subalkalischen nahe.

Im Lavastrom von 1970 sind Einschlüsse von Blöcken dichten schwarzen Olivinbasalts vorhanden, die vermutlich durch den Strom am Vulkanabhang mitgeschleppt wurden. Ungeachtet des geringen Alters des Lavastroms sind die in ihm enthaltenen Gesteine sekundären Veränderungen unterworfen. An vielen Stellen konnten in Klüften weiße und rosafarbene Allophanhäutchen beobachtet werden. Seltener trifft man auf der Oberfläche der Bruchstücke, in den Poren und Klüften der Basaltlava Beläge und Krusten aus Schwefel an.

5. Petrochemische Einordnung der Basalte

Die Untersuchungen lassen den Schluß zu, daß auf Jan Mayen offensichtlich der Übergang von ozeanischen Toleyitbasalten (typisch für mittelozeanische Rücken) zu Alkalibasalten erfolgt, die typisch für Insel und die Landgebiete mittelozeanischer Rücken sind (siehe hierzu auch UDINZEW u. a. 1974). Die Herde der Alkalibasaltschmelzen liegen tiefer als die Herde der Toleyite. Die Basalte von Jan Mayen können unter Bedingungen einer stabileren mächtigeren Kruste, möglicherweise von kontinentalem Typ, geschmolzen sein, während sich die Toleyite des mittelatlantischen Rückens unter den Bedingungen der aufsteigenden Tiefensubstanz bildeten. Für Beziehungen zu sauren Krustengesteinen sprechen auch die auf Jan Mayen beobachteten Produkte eines sauren Vulkanismus. Mit diesen Vorstellungen korrelieren auch andere Meßwerte der komplexen meeresgeologischen-seegeophysikalischen Untersuchungen der „Akademik Kurchatow"-Expedition im Gebiet des Islandplateaus (ZWEREW 1972).

Zusammenfassung

Der Vulkanismus der Insel Jan Mayen und der angrenzenden Querrinne weist zwei typische Merkmale auf: Erstens existiert eine Evolution von den ozeanischen Toleyitbasalten zu den subalkalischen und alkalischen Inselbasalten und -trachyten. Es besteht Ähnlichkeit mit anderen Gebieten der mittelozeanischen Rücken. Zweitens wird der Vulkanismus durch das Vorhandensein saurer Eruptivgesteine charakterisiert, wodurch er sich bedeutend vom Vulkanismus der mittelozeanischen Rükken unterscheidet und sich dem Typ nähert, der für Island und junge orogene Kontinentbereiche charakteristisch ist.

Die Besonderheiten der Geomorphologie zeugen von einem Transformbruch mit Strukturen eines tertiären Basaltplateaus, dessen Reste der Jan-Mayen-Rücken und das um die Insel gelegene Unterwassermassiv sind. Besonders deutlich sind die Unterschiede dieser Strukturen in den Besonderheiten der Bodenmorphologie des nördlichen und südlichen Hangs der Jan-Mayen-Querrinne zu erkennen.

Резюме

Вулканизм острова Ян Майен и смежного поперечного желоба имеет два типичных признака: Во первых существует эволюция от океанических толеитных базальтов к субщелочным и щелочным островным базальтам и трахитам, при чем существует сходство с другими областями срединоокеанических хребтов. Во вторых вулканизм характеризуется наличием кислых изверженных пород, от чего он значительно отличается от вулканизма срединоокеанических хребтов и приближается к тому типу, который характерный для Исландии и молодых орогенных областей материков. Особенности геоморфологии свидейтельствуют о трансформном разломе со структурами третичного базальтового плато, остатки которого — хребет Ян Майен и наложенный вокруг острова подводный массив. Особенно ясно наблюдаются различия этих структур по особенностям почвенной морфологии северного и южного склонов поперечного желоба Ян Майен.

Summary

The volcanism of the Jan Mayen Island and of the adjacent transverse channel shows two typical features, first an evolution from oceanic toleyite basalts to subalkaline island basalts and trachytes, showing a similarity to other areas of the mid-oceanic ridge, second a characterization of the volcanism by the presence of acid igneous rocks. Thereby it is considerably distinguished from the volcanism of the mid-oceanic ridge and approaches a type characteristic of Iceland and young orogenetic continental areas. The geomorphological peculiarities give proof of a transform fracture with structures of a Tertiary basaltic plateau whose remainders are the Jan Mayen ridge and the subaquatic massif situated around the island. The differences of these structures can be recognized with particular clearness in the soil-morphological peculiarities of the northern and southern slope of the Jan Mayen transverse channel.

Literatur

BELOUSOW, W. W.; KRASNOW, A. A.: Die sowjetische geologisch-physikalische Expedition nach Island. Aufgaben der Expedition (russ.). — West. AN SSSR, 6, 72—74, Moskau 1972.

CARSTENS, H.: Cristobalite-trachytes of Jan Mayen. — Norsk Polarinst. Skritter, 121, Oslo 1961.

FITCH, F. J.; GRASTY; MILLER, J. A.: Potassium-Argon ages of rocks from Jan Mayen and an outline of its volcanic History. — Nature, **207**, 5004, London 1965.

JOHNSON, G. L.: Marine geology in the environs of Jan Mayen. — Norsk Polarinst. Arbok 1966, 105—111, Oslo 1968.

JOHNSON, G. L.; HEEZEN, B. C.: The morphology and evolution of the Norwegian-Greenland Sea. — Deep-Sea Research, **14**, 4, Oxford 1967.

JOHNSON, G. L.; FRETAG, J. S.; PEW, J. A.: Structure of the Norwegian Sea. — Norsk Polarinst. Arbok 1969, 7—16, Oslo 1971.

LITWIN, W. M.: Das Bodenrelief der Norwegischen See (russ.). — Trudy PINRO, 16, Moskau 1964.

— Die Geomorphologie der mittelozeanischen Rücken in der Norwegischen und der Grönländischen See (russ.). — Okeanologija, 8, 1, Moskau 1968.

LITWIN, W. M.; MAROWA, N. A.; RUDENKO, M. W.; UDINZEW, G. B.: Die Morphostruktur der Riftzone des Atlantischen Rückens im Bereich der Brüche „Kurtschatow" und „Atlantis". — Okeanologija, Moskau 1977.

MACHATSCHEK, F.: Das Relief der Erde. — II, Berlin 1955.

ROBERTS, B.; HAWKINS, T. R. W.: The geology of the area around Nordkapp, Jan Mayen. — Norsk. Polarinst. Arbok 1963, 25—48, Oslo 1965.

SYKES, L. R.: The seismicity of the Arctic. — Bull. seismol. Soc. Amer., **55**, 2, Berkeley 1965.

UDINZEW, G. B.: Erforschung der submarinen Strukturen im Gebiet um Island (russ.). — West. AN SSSR, 6, 82—88, Moskau 1972; Ref. in: Z. angew. Geol., **20**, 5, 211—213, Berlin 1974.

UDINZEW, G. B.; LITWIN, W. M.; CHARIN, G. S.: Feuerspeiende Insel über dem Polarkreis. — Priroda, 3, 84—90, Moskau 1974.

WINOGRADOW, P. S.: Über rezente Ablagerungen der Norwegischen See (russ.). — Trudy PINRO, 16, Moskau 1964.

WORDIS, J. M.: Jan Mayen island. — Geol. J., 59, Liverpool 1922.

ZWEREW, S. M.: Der mittelisländische Graben und seine Erforschung (russ.). — West. AN SSSR, 6, 75—81, Moskau 1972.

Zeitschrift für angewandte Geologie, Bd. 23 (1977), Heft 11

Kombinierte Tritium- und ^{14}C-Untersuchungen an Wässern eines klüftig-porösen Grundwasserleiters

HEBERT, D.; JORDAN, H.; FRÖHLICH, K., Freiberg (Sa.)[1]

1. Einleitung

Die Umweltisotope Tritium und ^{14}C haben sich auf Grund ihrer günstigen Halbwertszeit für die Untersuchung von Grundwässern im Altersbereich zwischen 0 und 40000 Jahren, einem Bereich, in dem die meisten zur Wasserversorgung verwendeten Wässer liegen, als geeignet erwiesen. Wegen des besonderen Interesses der wasserwirtschaftlichen Praxis der DDR wurde ein Untersuchungsgebiet im Festgesteinsbereich, in dem sich eine Wasserversorgungsanlage befindet, als Testobjekt für kombinierte Tritium- und ^{14}C-Untersuchungen ausgewählt. Durch Auswertung von Langzeitreihen von Tritium- und ^{14}C-Analysen an Grundwasserproben, die aus wasserwirtschaftlich genutzten Förderbrunnen entnommen wurden, sollten Aussagen zu folgenden Fragenkomplexen gewonnen werden:

- Fließrichtung und Fließgeschwindigkeit des Grundwassers; großräumige Hydrodynamik,
- Grundwasserneubildung im Untersuchungsgebiet, Kontaminationsschutz der untersuchten Grundwässer,
- Anwendbarkeit mathematisch-physikalischer Modelle zur hydrogeologischen Interpretation gemessener Tritium- und ^{14}C-Gehalte.

2. Ergebnisse der Tritium- und ^{14}C-Messungen

Das Untersuchungsgebiet befindet sich im Bereich eines klüftig-porösen Grundwasserleiters mesozoischen Alters (KLINGER 1972, Jahresbericht 1973). Es wird im S durch stark ausgeprägte Störungen, in deren Bereich auch die beprobten Hauptgrundwasserleiter des Untersuchungsgebiets ausstreichen, begrenzt. Die großräumige Grundwasserfließrichtung folgt dem natürlichen

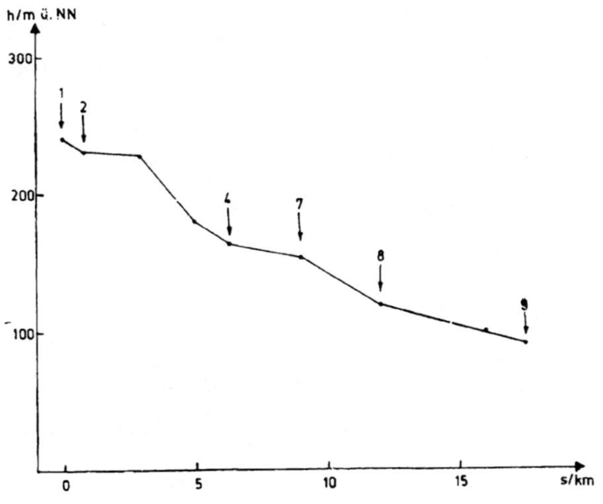

Abb. 1. Höhe des Grundwasserspiegels in m ü. NN im Untersuchungsgebiet

Eingang des Manuskripts in der Redaktion: 25. 5. 1976.

[1]) Veröffentlichung der Sektionen Physik u. Geowissenschaften (Veröff.-Nr. 549) der Bergakademie Freiberg

Tab. 1. Parameter der beprobten GWL-Teilstockwerke (nach KLINGER 1972)

GWL-Stockwerk	I	II	III
Klüftung	schwach	gut bis sehr gut	mäßig bis gut
Porosität P_N[1])	0,12–0,29	0,10–0,27	0,09–0,29
k-Wert in m/s	$(1-48) \cdot 10^{-6}$ ⌀ $4{,}2 \cdot 10^{-5}$	$(1-9) \cdot 10^{-6}$ ⌀ $4{,}6 \cdot 10^{-6}$	$(1-110) \cdot 10^{-5}$ ⌀ $28 \cdot 10^{-4}$
Mächtigkeit	18–40 m ⌀ 29 m	57–75 m ⌀ 68 m	 ⌀ 15 m

[1]) Grundwassererfüllbarer Hohlraumanteil des Grundwasserleiters

Gefälle der Grundwasserleiter und zeigt i. a. von SW nach NE. Dieses Gefälle sowie die Lage und Bezeichnung der beprobten Grundwasseraufschlüsse sind aus Abb. 1 ersichtlich. Die Brunnen haben i. a. eine Teufe von 150 m, ihre Filterstrecken liegen zwischen 25 m und 150 m u. Gel. und erfassen drei Grundwasserleiter — Teilstockwerke (Tab. 1).

Das Untersuchungsgebiet ist i. a. mit 1 bis 2 m mächtigem Löß (oft oberflächlich verlehmt) bedeckt, dessen Versickerungsfreundlichkeit mit „gering bis mäßig" angegeben wird. Lokal begrenzt treten sandige Lehmböden mit der Versickerungsfreundlichkeit „mittel bis gut" auf.

Die geförderten Grundwässer haben Karbonathärten zwischen 8°dH und 20°dH. Der mittlere Jahresniederschlag im Untersuchungsgebiet liegt je nach Lage des Orts zwischen 550 und 570 mm/a (KLINGER 1972). Vom Juni 1969 bis November 1973 wurden — teilweise unregelmäßig — aus den Probenahmestellen Wasserproben zu 60 Tritium- und 20 ^{14}C-Analysen entnommen. Die Mittelwerte der gemessenen Konzentrationen (FRÖHLICH u. a. 1972; HEBERT u. a. 1973) sowie die δ ^{13}C-Werte und Karbonathärten der untersuchten Wässer sind in Tab. 2 zusammengestellt.

Die jahreszeitlichen Variationen der Tritium-Konzentration waren an der Mehrzahl der Probenahmestellen nur gering. Für drei Brunnen, die besonders deutliche Variationen der Tritiumkonzentration zeigten, ist der zeitliche Verlauf der Tritiumkonzentration gemeinsam mit dem des Niederschlags von Freiberg in Abb. 2 graphisch dargestellt.

3. Hydrogeologische Auswertung der Meßergebnisse

Die nachfolgende Interpretation ist als eine erste Auswertung der bisher vorliegenden Meßergebnisse anzusehen. Ihr Ziel besteht darin, die Aussagefähigkeit der benutzten Methode zu prüfen. Die Untersuchungen im betrachteten Gebiet werden fortgesetzt.

Bestimmung der Jungwasseranteile

Die niedrigen mittleren Tritiumkonzentrationen und die meist unterhalb des natürlichen Niveaus der ^{14}C-Anfangskonzentration (ca. 80% modern, HEBERT 1975) liegenden

Tab. 2. Meßergebnisse

Brunnen	Probenahme-Zeitraum	Karbonat-härte °dH	$\delta^{13}C/^0/_{00}$	Tritiumkonzentration/T. E. Min.	Max.	Mittel	^{14}C-Konz./ % modern
1	6/69— 2/73	11,6	—11,5	1	10	7	82
2	11/71— 8/73	13,8	—14,9	3	6	4	82
3	8/69—10/72	8,3	n. b.	10	39	20	n. b.
4	6/69— 9/73	12,4	—15,7	0	20	4	55—75
5	9/73— 8/74	14,4	—16,2	0	3	1	65
6	8/69— 7/73	17,5	—14,6	3	10	7	45—66
7	5/69—11/73	16,3	—13,8	0	7	3	71
8	11/73— 5/74	20,7	—15,1	0	0	0	53
9	5/69—11/73	14,7	—14,9	0	13	4	13

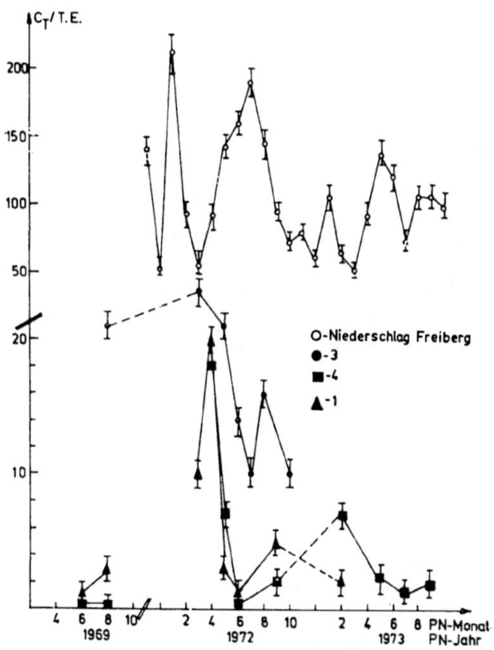

Abb. 2. Tritiumkonzentration im Förderwasser der Brunnen 1, 3 und 4 sowie im Niederschlag von Freiberg (Maßstabsunterbrechung auf der Ordinatenachse!)

^{14}C-Werte weisen darauf hin, daß das geförderte Grundwasser im wesentlichen altes Wasser (> 50 Jahre) darstellt. Die geringen Tritiumgehalte können auf Jungwasseranteile zurückgeführt werden, die wegen der gemessenen jahreszeitlichen Schwankungen (Abb. 2) im Winter und Frühjahr größer als in der Sommerperiode sind. Das Auftreten jahreszeitlicher Schwankungen des Tritiumgehalts von Grundwasser läßt darüber hinaus generell den Schluß zu, daß die Jungwasseranteile nicht wesentlich älter als etwa 1 Jahr sein können (OESCHGER & GUGELMANN 1973).

Die Höhe des Jungwasseranteils α im Förderwasser läßt sich unter den vorliegenden Bedingungen aus einer Tritiumbilanzgleichung abschätzen. Es gilt

$$\alpha = \frac{C_T(t)}{C_{T0}(t')} \tag{1}$$

wobei $C_T(t)$ die Tritiumkonzentration im Grundwasser zur Probenahmezeit (Probenahmejahr) t und $C_{T0}(t')$ die Tritiumkonzentration im Grundwasserzufluß zur Zeit t' darstellen. Für $C_{T0}(t')$ kann der Mittelwert der Tritiumkonzentration des während der Monate September bis März gefallenen Niederschlags benutzt werden. Da die Niederschläge des vorliegenden Untersuchungsgebiets nicht gemessen wurden, werden die Ergebnisse für den Niederschlag in Freiberg zugrunde gelegt. Für t' (Gl. (1)) wird derjenige Zeitraum von September bis März ausgewählt, der der jeweiligen Grundwasserprobenahmezeit t vorangegangen ist.

Die auf diese Weise mit Gl. (1) abgeschätzten Jungwasseranteile liegen zwischen 0 und 10%, bei den meisten Brunnen sind sie $\lesssim$ 5% (Tab. 3). Damit sind die im Untersuchungsgebiet geförderten Grundwässer als relativ gut kontaminationsgeschützt anzusehen.

Erklärung des höheren Jungwasseranteils nach Förderbeginn artesischer Brunnen

Die Brunnen 4 und 6 zeigen seit Beginn der Förderung deutlich höhere ^{14}C-Konzentrationen als zur Zeit des artesischen Überlaufs (Tab. 2 und 3). Eine mögliche Erklärung dafür ist, daß der artesisch überlaufende Brunnen infolge seiner relativ geringen Förderung im wesentlichen Wasser aus dem von der Filterstrecke durchteuften Horizont (II. Grundwasserteilstockwerk) erfaßt (älteres Wasser), während der mit einer Pumpe betriebene Brunnen infolge der Ausbildung des umfassenden Absenkungstrichters im I. Grundwasserteilstockwerk ein Mischwasser, was Anteile aus dem I. Grundwasserstockwerk (Q_I, jüngeres Wasser) und aus dem II. Grundwasserstockwerk (Q_{II}) enthält, abgibt. Zwischen I. und II. Grundwasser-Stockwerk muß, der gegebenen Erklärung zufolge, ein hydraulischer Kontakt — mindestens in Nähe der Brunnen 4 und 6 — vorhanden sein.

Für einen homogenen Grundwasserleiter ist die Brunnenspeisung proportional zum Produkt aus der Fließgeschwindigkeit des Grundwassers und der Mächtigkeit des Grundwasserleiters. Mit den in Tab. 1 genannten Werten erhält man $Q_I = 4 \cdot Q_{II}$. Der Hauptanteil am Förderwasser

Tab. 3. Modellalter der untersuchten Wässer

Brunnen	Piston-Flow-Modell τ/a	Mischwasser-Entn.-Modell τ/a	Infiltrations-Modell τ/a	α/%
1	200 ± 200	500 ± 300	800 ± 200	5
2	200 ± 200	500 ± 300	800 ± 200	5
4 artes.	3500 ± 250	7000 ± 1800	4700 ± 700	5
4 Pumpe	1500 ± 150	2500 ± 1000	2300 ± 500	5
5	2100 ± 150	3500 ± 1400	(2100 ± 500)	(0)
6 artes.	5000 ± 250	10000 ± 2500	5000 ± 700	(10)
6 Pumpe	2000 ± 200	4000 ± 1500	2300 ± 500	6
7	1400 ± 150	2300 ± 1000	1500 ± 500	4
8	3700 ± 250	7000 ± 1500	(3700 ± 250)	(0)
9	15500 ± 350	(54000 ± 10000)	17000 ± 2000	6

($\sim$ 80%) fließt dem Brunnen bei Förderung mit Pumpe somit aus dem I. Grundwasser-Stockwerk zu.
Aus Tab. 2 entnimmt man für den Brunnen 4:

C_C (artes.) = 55% modern, C_C (Förderung) = 75% modern.

Mit $Q_I = 4 \cdot Q_{II}$ erhält man daraus für die ^{14}C-Konzentration im I. Grundwasser-Stockwerk:

C_C (I. Grundwasser-Stockwerk) = 80% modern.

Dieser Wert entspricht dem im südlichen Ernährungsgebiet (Brunnen 1 und 2) gemessenen. Das Grundwasser des I. Grundwasser-Stockwerks ist sehr wahrscheinlich jünger als 1000 Jahre.
Für den Brunnen 6 ergibt sich mit den in Tab. 2 genannten ^{14}C-Konzentrationen C_C (oberstes Grundwasser-Stockwerk) = 89% modern. Der Brunnen steht am Rande des westlichen Ernährungsgebiets.

Bestimmung der Modellalter

Neben dem Piston-Flow-Modell wurden für die Abschätzung der Modellalter das Infiltrations- und das Mischwasserentnahmemodell (HEBERT 1975, FRÖHLICH u. a. 1974) verwendet. Beim Infiltrationsmodell wird angenommen, daß einem alten Basisfluß (Modellalter τ) ein Jungwasseranteil α zusitzt, dessen Alter im vorliegenden Fall etwa 1 Jahr oder geringer ist. Das Mischwasserentnahmemodell trägt der Tatsache Rechnung, daß bei Förderbrunnen das Probenwasser i. a. eine Mischung aus verschiedenen Schichten unterschiedlichen Alters darstellt. Nachfolgend wird das Alter des ältesten geförderten Anteils abgeschätzt, wobei gleiche Altersanteile vorausgesetzt wurden.
Die Modellalter der in der vermuteten Hauptgrundwasserfließrichtung liegenden Brunnen sind in Abb. 3 graphisch dargestellt.
Die ^{14}C-Altersbereiche sind in der Reihenfolge Piston-Flow-Modell, Infiltrationsmodell und Mischwasserentnahmemodell (Alter des ältesten Anteils) angegeben. Das Alter nach Mischwasserentnahmemodell für Brunnen 9 ist nicht eingetragen.
Der Fehlerbereich jedes Modellalters ergibt sich aus dem Fehler der Konzentrationsmessung und aus der Unsicherheit des Jungwasseranteils.

Folgerungen:

1. Die Brunnen 1 und 2 fördern trotz ihres räumlichen Abstands von etwa 1000 m gleichaltes Wasser. Sie stehen im südlichen Ernährungsgebiet.
2. Das Alter der geförderten Wässer nimmt von Brunnen 1 bis Brunnen 8 proportional zur Entfernung zu. Somit wird die vermutete Grundwasserfließrichtung von SW nach NE bestätigt.
3. Innerhalb des Einzugsgebiets führen die zur Auswertung benutzten Modelle zu vergleichbaren Alterswerten. Merkliche Abweichungen ergeben sich bei den Brunnen 5 und 8 bezüglich des Mischwasserentnahmemodells, weil diese Brunnen keinen Jungwasseranteil aufweisen und daher die Voraussetzung gleicher Altersanteile vom Maximalalter bis zu 0 Jahren bei ihnen sicher nicht zutrifft.
4. Das vom Brunnen 7 geförderte Wasser ist jünger als nach dem Kurvenverlauf in Abb. 3 zu erwarten wäre. Daher ist anzunehmen, daß Brunnen 7 ein Mischwasser fördert, das Anteile aus der Hauptgrundwasserfließrichtung sowie dem III. Grundwasserteilstockwerk, welches 1000 m westlich des Brunnens ausstreicht, enthält.
5. Die Grundwasserfließgeschwindigkeit beträgt zwischen Brunnen 1 und 8 im Mittel $\bar{v}_r = (3{,}5 \pm 1{,}5)$ m/a. Sie ist um eine bis zwei Größenordnungen kleiner als in bisherigen hydrogeologischen Vorstellungen angenommen wurde (KLINGER 1972), stimmt aber mit der Größenordnung der Ergebnisse, die GEYH (in ANDERS & GEYH 1972 und GEYH & SIEBERT 1970) für andere Untersuchungsgebiete erhielt, gut überein.

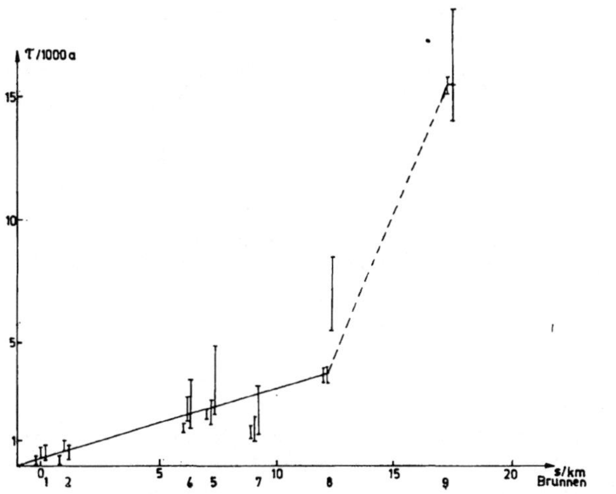

Abb. 3. Modellalter der Wässer an den Probenahmestellen 1, 2, 4, 5, 7, 8 und 9

Förderleistung der beprobten Tiefbrunnen

Man kann in grober Näherung annehmen, daß die beprobten Brunnen Wasser aus einem Halbzylinder mit dem Radius R = 500 bis 1000 m und der Höhe H (= Mächtigkeit des Grundwasserleiters) fördern. Der nachfolgenden Abschätzung der maximal möglichen Förderleistung der Tiefbrunnen wird eine Reichweite des Absenkungstrichters R_{max} = 1000 m zugrunde gelegt. Dieser Wert ist praktisch möglich, denn im Festgesteinsbereich wurden Reichweiten der Absenkungstrichter von Tiefbrunnen von bis zu 1300 m beobachtet.
Bei einer Grundwasserleitermächtigkeit H, einer Fließgeschwindigkeit des Grundwassers außerhalb des Absenkungstrichters $\bar{v}_r$, einem grundwassererfüllbaren Hohlraumanteil $\bar{P}_N$ und einer Reichweite R_{max} erhält man für die dem Brunnen durch einen mit dem Radius R_{max} gedachten Halbzylinder im stationären Fall pro Zeiteinheit zufließende Wassermenge

$$Q_{max} = \pi \cdot R_{max} \cdot H \cdot \bar{v}_r \cdot \bar{P}_N \tag{2}$$

Weiter oben wurde abgeschätzt, daß die ursprünglich artesischen Brunnen (das betrifft den überwiegenden Teil der 22 Förderbrunnen), die aus dem I. und II. Grundwasserteilstockwerk fördern, zu etwa 80% aus dem im Mittel 29 m mächtigen I. Grundwasserteilstockwerk gespeist werden. Um die gesamte Förderleistung der Brunnen zu erbringen, wäre ein Grundwasserleiter der Mächtigkeit 36 m ausreichend, wenn er die Eigenschaften des I. Grundwasserteilstockwerks hätte.
Mit $\bar{v}_r$ = 3,5 m/a, H = 36 m, $\bar{P}_N$ = 0,20 und R_{max} = 1000 m erhält man nach (4): $Q_{max} \approx 10$ m³/h.
Trotz der stark vereinfachten Annahmen dieser Abschätzung kann aus dem Ergebnis gefolgert werden, daß die Grundwasserneubildung im Untersuchungsgebiet gering ist. Diese Schlußfolgerung wird auch dadurch gestützt, daß die derzeitige mittlere Förderleistung der untersuchten Brunnen von etwa 20 m³/h tatsächlich mit einer Absenkung des Grundwasserspiegels verbunden ist. Es wird also z. T. schon Wasser aus dem statischen Grundwasservorrat gefördert.

4. Bedeutung der Ergebnisse und Schlußfolgerungen

Mit der vorliegenden Arbeit wurde das Ziel verfolgt, die Einsatzfähigkeit von Umweltisotopenuntersuchungen, speziell den kombinierten Einsatz von Tritium und ^{14}C, für die Lösung praktischer hydrogeologischer Fragestellungen zu prüfen. Es sollte gezeigt werden, wie diese isotopenhydrogeologische Methodik anzuwenden ist und welche hydrogeologischen Aussagen man gewinnen kann.

Mit Hilfe einfacher Modelle konnten unter Beachtung von Jungwasseranteilen hydrogeologische Parameter, wie Alter des Wassers, seine altersmäßige Zusammensetzung und Ergänzungsgrößen quantitativ aus den gemessenen Radionuklidkonzentrationen abgeleitet werden. Wesentliche Informationen ergaben sich vor allem durch die Analyse des längerzeitigen Konzentrationsverlaufs. Besonders hervorzuheben ist die Möglichkeit, das Grundwasseralter direkt zu bestimmen. Derartige Altersbestimmungen sind mit anderen hydrogeologischen Methoden nicht oder mit höherem Aufwand nur indirekt möglich.

Der praktische Einsatz dieser für die DDR neuen Arbeitsmethode der Hydrogeologie ist im Zusammenhang mit der Erkundung und Bewirtschaftung des Rohstoffs Wasser, insbesondere des Grundwassers, von volkswirtschaftlicher Bedeutung. Daraus ergibt sich die Forderung nach einer schnellen Überführung dieser Methode in die hydrogeologische Praxis.

Zusammenfassung

Durch Auswertung von Langzeitreihen von Tritium und ^{14}C-Messungen konnten quantitative Aussagen über die Grundwasserneubildung im Untersuchungsgebiet, den Kontaminationsschutz der untersuchten Speicherstätten, das Grundwasseralter, die Grundwasserfließgeschwindigkeit, die Förderleistung der beprobten Brunnen u. a. erhalten werden.

Резюме

Использованием долговременных измерений трития и ^{14}C было возможно получить количественные данные о новообразовании грунтовых вод в исследованной области, о сохранении контаминации исследованных коллекторских пространств, о возрасте и скорости течения грунтовых вод, о дебите испытиванных колодцев и др.

Summary

By evaluating long-time series of tritium and ^{14}C measurements qualitative statements could be obtained on the recharge of ground water in the area of investigation, protection against contamination of the reservoirs, age of ground water, rate of flow, capacity of wells sampled, etc.

Literatur

ANDERS, G.; GEYH, M. A.: Paläohydrogeologische Studien mit Hilfe von ^{14}C über den pleistozänen Grundwasserhaushalt in Mitteleuropa (Südliche Frankenalb). – Naturwissenschaften, **59**, S. 418, Berlin 1972.

FRÖHLICH, K.: Untersuchungen über die durch die kosmische Strahlung erzeugten Radionuklide und ihre Anwendung in der geowissenschaftlichen Forschung und Praxis. – Diss. B, Bergakademie Freiberg, Freiberg 1973.

FRÖHLICH, K.; HEBERT, D.; ANDREEFF, A.: Eine Apparatur zur Messung natürlicher Tritium-Aktivitäten. – Isotopenpraxis, **8**, 130–135, Berlin 1972.

FRÖHLICH, K.; HEBERT, D.; MILDE, G.; JORDAN, H.: Experimental Technique and Methods of Hydrogeological Interpretation used for Measurements of Natural Tritium, ^{14}C, ^{32}Si at the Bergacademie Freiberg, G. D. R. In: Tagungsunterlagen Konferencja naukowotechniczna. „Zastosawanie naturalnych izotopow ...". Hrsg.: Prof. Dr. MOSCICKI, Katowice, Mai 1974.

FRÖHLICH, K.; MILDE, G.; HEBERT, D.; KATER, R.: Methodische und meßtechnische Erkenntnisse über die Anwendung von Tritium-, ^{14}C- und ^{32}Si-Bestimmungen für hydrogeologische Aufgabenstellungen. – Z. angew. Geol., **20**, 1, 16–21, Berlin 1974.

GEYH, M. A.; SIEBERT, G.: Die Hydrogeologie der tieferen Grundwasserstockwerke im Raume Dämmerwald unter Berücksichtigung chemischer und isotopenphysikalischer Untersuchungen. – bbr, **21**, 2 (1970).

HEBERT, D.: Untersuchungen zur ^{14}C-Grundwasserdatierung und ihrer hydrogeologischen Anwendung im Zusammenhang mit Tritium-Messungen. – Diss. Bergakademie Freiberg, Freiberg 1975.

HEBERT, D.; FRÖHLICH, K.; ANDREEFF, A.: Eine Apparatur zur Messung natürlicher ^{14}C-Aktivitäten. – Isotopenpraxis, **9**, 10, S. 358ff., Berlin 1973.

KLINGER, C.: Hydrogeologische Untersuchungen mit dem Radionuklid Tritium an Grundwässern mesozoischer Grundwasserleiter Thüringens. – Diss., Bergakademie Freiberg, Freiberg 1972.

MILDE, G.; FRÖHLICH, K.: Tritium-Untersuchungen an Grubenwässern in Braunkohlenabbaugebieten und ihre praktischen Aussagemöglichkeiten. – Bergbautechnik, **20**, S. 507, Leipzig 1970.

MILDE, G.; FRÖHLICH, K.; KLINGER, CH.: Ergebnisse und praktische Folgerungen physikalischer Altersbestimmungen an Grubenwässern. – Z. angew. Geol., **16**, 1, 35–40, Berlin 1970.

MÜNNICH, K. O.: Messung des ^{14}C-Gehaltes von hartem Grundwasser. – Naturwissenschaften, **44**, S. 32, Berlin 1957.

– Der Kreislauf des Radiokohlenstoffs in der Natur. – Naturwissenschaften, **53**, S. 211, Berlin 1963.

– Isotopendatierung von Grundwasser. – Naturwissenschaften, 55, S. 158, Berlin 1968.

OESCHGER, H.; GUGELMANN, A.: Das geophysikalische Verhalten der Umweltisotope als Basis für Modellrechnungen in der Isotopenhydrologie. – Österr. Wasserwirtsch., **26**, 3/4, S. 43, Wien 1973.

RAUERT, W.: Über Messungen von Tritium und Kohlenstoff-14 bei hydrogeologischen Untersuchungen. – Geol. bavar., **64**, S. 36, München 1971.

Jahresbericht „Isotopenhydrogeologische Forschungen" Sektionen Physik und Geowissenschaften Bergakademie Freiberg, Freiberg 1973.

Zur Berechnung des Grundwasserdargebots in triassischen Gesteinen des Thüringer Beckens

GABRIEL, B.; ZIEGLER, G., Erfurt

1. Einleitung

Die weitere Entwicklung der sozialistischen Volkswirtschaft der DDR erfordert es, Bevölkerung, Industrie und Landwirtschaft ausreichend mit Trink- und Brauchwasser zu versorgen. Dazu ist es notwendig, Kenntnis über die Neubildung des Grundwassers und dessen Erschließungsmöglichkeiten zu haben. Entsprechend der in der Direktive zum IX. Parteitag formulierten Aufgaben der Wasserwirtschaft stellt dieser Beitrag aus dem Institut für Wasserwirtschaft Berlin eine Intensivierungsmaßnahme zur schnellen Breitennutzung der erzielten Forschungsergebnisse dar. Die aufgezeigte Methodik bildet für die Regionalorgane der Wasserwirtschaft eine wissenschaftlich fundierte Arbeitsgrundlage zum Nachweis und zur Erschließung weiterer Grundwasserressourcen im Festgesteinsbereich.

Eingang des Manuskripts in der Redaktion: 22. 6. 1976.

2. Problematik der Neubildungsberechnung im Festgesteinsbereich

Für die Ermittlung der Grundwasserneubildung bietet die Literatur eine recht umfangreiche Palette an Berechnungsverfahren. In jüngster Zeit versuchten verschiedene Autoren, u. a. GRUNSKE (1975), eine Wertung ihrer Anwendbarkeit und Zuverlässigkeit vorzunehmen. Für den Festgesteinsbereich sind diese Auswertungen nur begrenzt zutreffend, da bislang echte, aus Gebietsuntersuchungen abgeleitete Eichwerte für die nach Übertragungsformeln von KORTÜM und BAGROW ermittelten Dargebotswerte fehlen.

Die bisherigen Neubildungsberechnungen, besonders für

die Gesteinsbereiche Muschelkalk und Keuper, beruhen hauptsächlich auf Erfahrungswerten, Auswertungen von Pumpversuchsergebnissen (HOPPE 1969) bzw. Übertragung mehr oder weniger zutreffender Berechnungsverfahren (KORTÜM und BAGROW) aus dem Lockergesteinsbereich. Da Naturparameter aus Feldmessungen bisher nicht zur Verfügung standen, mußten dafür größtenteils Annahmen getroffen werden. Folgende wichtige Probleme konnten bisher nur ungenügend bzw. nur näherungsweise beachtet werden:

— Einfluß der Größe des oberirdischen Abflusses (spielt z. B. für die Anwendung der Verdunstungsformeln nach KORTÜM und BAGROW eine Rolle);

— Verzögerungszeiten und Rückhaltevermögen innerhalb der Abflußkörper (Kenntnis ist wichtig für die Zurückdatierung der wirksamen Niederschläge);

— Speicherung der Verwitterungsdecke;

— Anteile der Grundwasserneubildung aus der flächenhaften Versickerung und über bevorzugte Sickerbahnen (Klüfte, Trockenrisse, Wurzel- und Tiergänge u. a. Hohlräume);

— Ermittlung des konstanten Liefervermögens der triassischen Grundwasserleiter (äußerst wichtig für die Nutzer, um Wassergewinnungsanlagen richtig dimensionieren und Trockenzeiten überwinden zu können);

— Einfluß der Faziesunterschiede.

In den Jahren 1972—1974 durchgeführte Wasserhaushaltsuntersuchungen in Repräsentativgebieten der Trias (Muschelkalk und Keuper) erbrachten erstmalig echte Vergleichswerte und damit die Voraussetzung für die Ableitung einer anwendbaren Methodik zur Dargebotsermittlung im Verbreitungsgebiet der Trias.

3. Untersuchungen an Gebietslysimetern

Derzeitig ist es zweckmäßig, im Festgestein den unterirdischen Abfluß und andere Wasserhaushaltsgrößen mit Gebietslysimetern zu bestimmen. Für den Buntsandstein wurde in den vergangenen Jahren dieser Weg durch HOPPE, ZIESCHANG und ZIEGLER verfolgt und daraus empirische Übertragungsformeln einfachster Art abgeleitet. Meßtechnisch umfassender sind die in jüngster Zeit von den Verfassern für die Gesteinskomplexe Muschelkalk und Keuper durchgeführten Untersuchungen an repräsentativen Gebietslysimetern (ZIEGLER, GABRIEL 1975). Dazu wurden Einzugsgebiete der Größenordnung 10—50 km² nach folgenden Gesichtspunkten ausgewählt:

— Möglichst kleine, überschau- und abgrenzbare Einzugsgebiete;

— Für die zu untersuchende geologische Einheit repräsentative Gebiete;

— Wassergewinnungsmäßig erschlossene Gebiete;

— Gute Voraussetzungen für den Ansatz von Meßtechnik und Datenerfassung;

— Ausschluß von Fremdeinflüssen und unkontrollierbaren Störfaktoren;

— Gute Befahrbarkeit.

Mit den Meßprogrammen zur möglichst lückenlosen Erfassung des Grund- und Oberflächenwasserabflusses sowie des Bodenfeuchteganges wurden bis auf die Verdunstung (als Restglied der Wasserhaushaltsgleichung berechnet) sämtliche Wasserhaushaltsgrößen (N, A_u, A_0, S) meßtechnisch erfaßt. Wesentlich waren dabei die Messungen des Bodenfeuchtegangs mittels Neutronensonde in der Aerationszone, woraus folgende Ergebnisse resultieren:

a) Nachweis der Verzögerungszeiten, Speichereigenschaften der Böden und lateralen Grundwasserbewegungen;

b) Ermittlung quantitativer Anteile der flächenhaften Versickerung;

c) Ableitung bodenphysikalischer Kennwerte und deren Schwankungsbreiten.

4. Ermittlung der Wasserhaushaltsgrößen

Als aktuelle mittlere Gebietsverdunstung des Meßzeitraums 1972—1974 wurden für die Repräsentativgebiete folgende Werte in mm ermittelt:

	mu	mo	ku	km
Mittel der Verdunstung für Winterhalbjahre	93	120	121	108
Mittel der Verdunstung für Sommerhalbjahre	311	363	307	304
Jahresmittel	404	483	428	412

Das Niederschlagsmittel der drei Meßjahre liegt im Bereich des langjährigen Mittels. Im Verhältnis zu den mittleren Gebietsniederschlägen ergeben sich in den Untersuchungsgebieten folgende Verdunstungsanteile:

UG Bleicherode (mu) = 64% von N (bewaldet)
UG Ettersberg (mo) = 77% „ N (75% bewaldet)
UG Rastenberg (ku) = 86% „ N (unbewaldet)
UG Schillingstedt (km) = 87% „ N (unbewaldet)

Das Verhältnis der Verdunstung zwischen Winter- und Sommerhalbjahren beträgt rund 1:3, d. h. im Sommer verdunstet die dreifache Menge.

Die Größe des Oberflächenabflusses (A_0) ist abhängig von Relief, Bodenart, Vegetation, Art und Intensität des Niederschlags sowie des Durchfeuchtungszustands der oberen Bodenzone. Die Separation erfolgte anhand von Schreibpegelaufzeichnungen nach den Verfahren von NARBE (1969) bzw. WEYER (1972). Es ergaben sich folgende Mittelwerte:

UG Unterer Muschelkalk = 67 mm a^{-1}
UG Oberer Muschelkalk = 60 mm a^{-1}
UG Unterer Keuper = 19 mm a^{-1}
UG Mittlerer Keuper = 13,5 mm a^{-1}

Starkniederschläge machen sich besonders im Bereich des Oberen Muschelkalks in Form von länger anhaltenden hypodermischen Abflüssen bemerkbar. An besonders gut ausgeprägten Teilstücken der Durchflußganglinie konnte nach dem halblogarithmisch-grafischen Verfahren (WEYER 1972) eine exakte Trennung von A_0 und A_{hyp} durchgeführt werden. Rund 40% des als A_0 separierten Anteils sind danach im Muschelkalk dem hypodermischen Abfluß zuzuordnen. Für bewaldete Einzugsgebiete macht sich während der Vegetationsperiode die verstärkte Retentionswirkung positiv auf den oberirdischen Abfluß bemerkbar. Folgende Gegenüberstellung verdeutlicht dies:

	UG Bleicherode (bewaldet)		UG Rastenberg (unbewaldet)	
	N mm	A_0 mm	N mm	A_0 mm
Wi 73	207	39,9	124	5,7
Wi 74	257	30,3	140	8,2
So 73	345	9,4	263	7,0
So 74	421	6,4	376	17,1

Für die Trias ist die Übertragbarkeit der Größenordnung für A_0 durch die jeweils charakteristisch ausgebildeten Geländeformen der Schichtkomplexe gegeben.

Die Differenz der Speichermengen in der Aerationszone ist im langjährigen Mittel vernachlässigbar klein. Aus den

Bodenfeuchtemessungen ergeben sich innerhalb des Meßzeitraums für die Bodenspeicherung folgende max. Differenzen:

mm = 4,5 mm
mo = 8,4 mm
ku = 6,7 mm
km = 3,1 mm

Bei der Erfassung der unterirdischen Abflüsse ist zu beachten, daß im Grundwasser gegenüber dem wirksamen Niederschlag eine gewisse Verzögerung eintritt, die auch Berücksichtigung bei der Auswertung von Kleinstabflußmessungen finden muß. Die ausgewerteten Bodenfeuchtemessungen belegen, daß allein die Speichervorgänge im lehmig-tonigen Verwitterungsboden mit einer durchschnittlichen Mächtigkeit von 2,5 m eine Verzögerung des Abflusses um ca. drei Monate bewirken. Insgesamt ist mit Ausnahme des Unteren Muschelkalks für die untersuchten Gesteinskomplexe durch Bodenspeicherung und Rückhaltevermögen des Gesteins mit einer durchschnittlichen Verzögerung von 4—6 Monaten zu rechnen. Infolge der sehr guten Durchlässigkeiten und der fehlenden Verwitterungsdecke spielen im Unteren Muschelkalk Verzögerungszeiten keine Rolle. Im allgemeinen wirken sich Intensivniederschläge innerhalb weniger Stunden in Quellschüttungen aus. Aus den Meßergebnissen der Gebietslysimeter lassen sich die in den Tab. 1 und 2 zusammengestellten Werte für unterirdische Abflüsse und Spenden ableiten.

Tab. 1. Halbjährige unterirdische Abflüsse und mittlere Versickerungsfaktoren (Gebietslysimeter)

	Unterirdische Abflüsse (mm)			
	Unterer Muschelkalk	Oberer Muschelkalk	Unterer Keuper	Mittlerer Keuper
Wi 72	66,4	42,6	23,6	20,5
So 72	96,1	45,6	31,1	25,2
Wi 73	104,8	36,3	22,8	23,7
So 73	42,5	30,0	16,6	22,1
Wi 74	133,2	33,1	23,8	20,5
So 74	38,4	47,1	30,8	23,7
	Mittlere Versickerungsfaktoren (% von N)			
Wi-Halbjahre	44,8	21,8	15,4	16,0
So-Halbjahre	14,2	9,0	7,6	7,0

Tab. 2. Grundwasserspenden in ls^{-1} km^{-2}

	Unterer Muschelkalk	Oberer Muschelkalk	Unterer Keuper	Mittlerer Keuper
Trockenwetterspende	1,0	1,7	1,0	0,8
Mittlere Spende	5,1	2,4	1,5	1,3
Schwankungsamplitude der Spende	1,0—14,0	1,7—3,4	1,0—2,6	0,8—1,8

Relativ gesehen weisen danach die Sommerhalbjahre geringere Versickerungsfaktoren aus, obwohl die Absolutwerte (mit Ausnahme des Unteren Muschelkalks) eine über das hydrologische Jahr gleichmäßige Grundwasserneubildung belegen (Tab. 1). Durch quantitative Auswertung des Bodenfeuchtegangs läßt sich der Anteil der flächenhaften Versickerung ermitteln. Insgesamt setzt sich die Grundwasserneubildung aus folgenden Anteilen zusammen:

	mu	mm	mo	ku	km
Anteil aus flächenhafter Versickerung	10%	16,7%	29,3%	22,1%	15,2%
Versickerung über bevorzugte Sickerbahnen (Klüfte, Trockenrisse, Wurzel- u. Tiergänge u. a. Hohlräume)	90%	83,3%	70,7%	77,9%	84,8%

Aus den Meßergebnissen der Gebietslysimeter wurden Abflußrückgangskurven (Abb. 1), Abflußspendenschlüssel (Abb. 2 bis 4) und konstant nutzbare Dargebote (Pkt. 6) abgeleitet. Zur praktischen Anwendung der Abflußspendenschlüssel sind die entsprechenden Verzögerungszeiten zu berücksichtigen.

5. Übertragungsformeln und Berechnungsverfahren zur Grundwasserneubildung

Die Tab. 3 zeigt eine Gegenüberstellung der aus Meßwerten gewonnenen Ergebnisse (Gebietslysimeter) zu den nach modernen Übertragungsformeln (KORTÜM und BAGROW) berechneten Werten. Aus Tab. 3 ist zu entnehmen, daß im langjährigen Mittel die Berechnung nach dem Verfahren von KORTÜM durchweg zu niedrige Werte ergibt. Insgesamt gesehen beinhaltet die Anwendung dieser Methode folgende Nachteile:

— Der oberirdische Abfluß ist zu ermitteln und zu berücksichtigen.

— Die bisher eingeschätzten Wirkungsfaktoren w, die die Einflüsse der Boden- und Vegetationsart des Standorts auf die Effektivität des Energiedargebots sowie des Niederschlagsdargebots auf die Evapotranspiration summarisch erfassen, sind zu korrigieren.

— Das Verfahren ist, wie GLUGLA & TIEMER (1971) nachwiesen, nur im Niederschlagsbereich 500—600 mm a^{-1} einsetzbar, da für den übrigen Bereich die physikalische Randbedingung der Verdunstung

$$\overline{V} = N_{\text{pot}} \quad \text{falls } \overline{N}$$

nicht eingehalten wird.

— Für kürzere Perioden (Halbjahre) und für Trockenjahre läßt sich die Grundwasserneubildung nach diesem Verfahren nicht berechnen.

Aus den Arbeiten von SCHRAMM (1975) und ZIEGLER & GABRIEL (1975) ergeben sich Hinweise, wie die Wirkungsfaktoren nach Versickerungseinheiten im Festgestein abgeändert werden können.

Die nach BAGROW durchgeführten Testrechnungen weisen ebenfalls beträchtliche Abweichungen von den tatsächlichen Meßergebnissen auf, so daß zur Zeit die von GRUNSKE (1975) vertretene Meinung hinsichtlich allseitiger Anwendung der Methode nach BAGROW kritisch zu bewerten ist. Der tabellarisch dargestellte Vergleich der Ergebnisse zeigt, daß auch die gesetzmäßig abgeleiteten und physikalisch bestens fundamentierten Übertragungsformeln ohne Präzisierung der Eingangsdaten für bestimmte gebietsspezifische Besonderheiten der jeweiligen Anwendungsgebiete unsichere Werte liefern. Die Zuverlässigkeit des Verfahrens von BAGROW hängt von der Genauigkeit der verwendeten klimatologischen Daten Niederschlag und

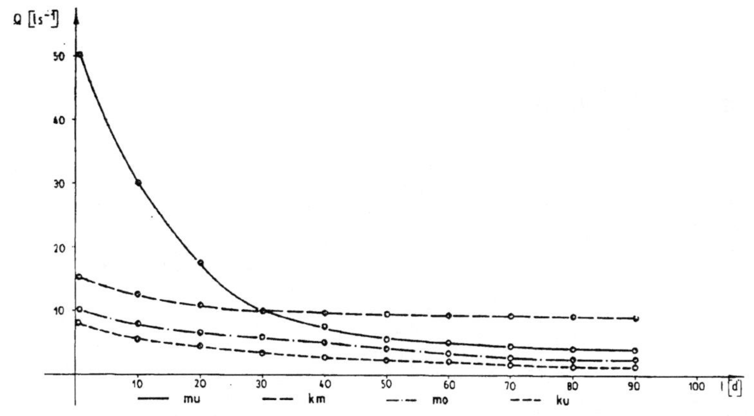

Abb. 1. Mittlere Abflußrückgangskurven

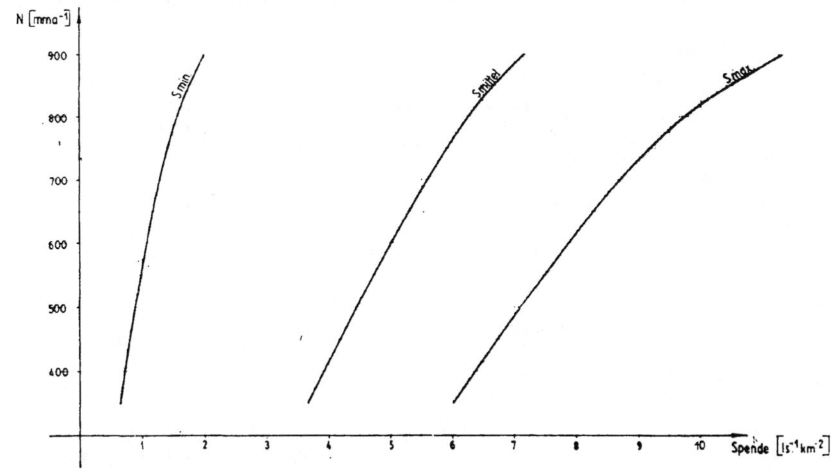

Abb. 2. Schlüssel zur Ermittlung der Grundwasserabflußspende für den Unteren Muschelkalk

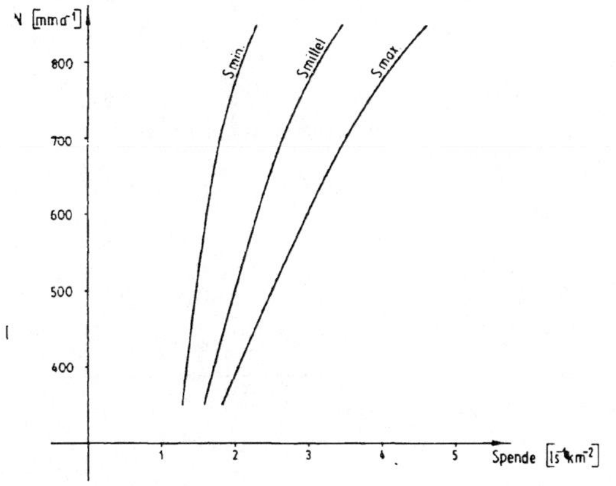

Abb. 3. Schlüssel zur Ermittlung der Grundwasserabflußspende für den Oberen Muschelkalk

Globalstrahlung und der übrigen Standortparameter ab. Unsicher sind dabei im Festgesteinsbereich die

- Ermittlung des Effektivitätsparameters n in Abhängigkeit von Boden- und Vegetationsart,
- Bestimmung von $\overline{V}_{pot}$,
- Berücksichtigung von A_0.

Es ist zu erwähnen, daß sowohl für die Verdunstungs- als auch die Versickerungsanteile die Bodenart, Vegetation, Niederschlagsangebot und -verteilung eine maßgebliche Rolle spielen. Die Verdunstung wird weiterhin durch die klimatologischen Faktoren Energiedargebot, Luftfeuchte, Temperatur und Windgeschwindigkeit beeinflußt. Einen beträchtlichen Einfluß kann dabei die turbulente Wärmeströmung des jeweiligen Standorts auf die Verdunstung haben — eine Größe, die auch mit der Verdunstungsformel schwer zu erfassen sein dürfte und in ihrer Auswirkung unterschiedlich hoch sein kann. Als Beispiel hierfür eignet sich folgender Vergleich:

	UG Bleicheröder Berge	UG Ettersberg
N_m	683 m a^{-1}	585 mm a^{-1}
Bewaldung	100%	75%
V nach Gebietslysimeter	404 mm a^{-1}	483 mm a^{-1}
V nach BAGROW	527 mm a^{-1}	541 mm a^{-1}

Entsprechend Niederschlagsdargebot, Bewaldungsanteil und Windgeschwindigkeit wäre eigentlich für das Untersuchungsgebiet Bleicheröder Berge die höhere Verdunstung zu erwarten. Die Verhältnisse sind jedoch genau umgekehrt. Es muß aber darauf hingewiesen werden, daß ein gewisser Teil der Mehrverdunstung des Untersuchungsgebiets Ettersberg aus stellenweise sehr oberflächennahem Grundwasserstand resultieren kann.

6. Methodik zur Ermittlung des Grundwasserdargebots aus Niederschlägen

Der Wasserhaushalt eines Grundwasserleiters wird durch instationäre, zeitlich variable Vorgänge der Grundwasserneubildung bestimmt. Die durchgeführten Gebietslysi-

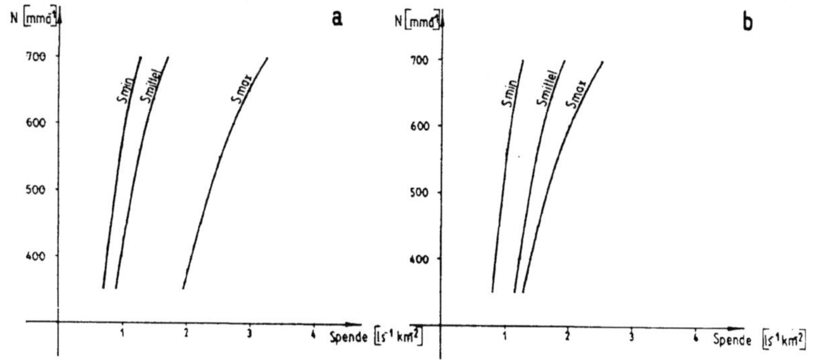

Abb. 4. Schlüssel zur Ermittlung der Grundwasserabflußspende
a — für den Unteren Keuper; b — für den Mittleren Keuper

Tab. 3. Vergleich der Ergebnisse moderner Berechnungsverfahren mit gemessenen Werten der Gebietslysimeter nach ZIEGLER & GABRIEL im Festgesteinsbereich Thüringens

	Unterer Buntsandstein		Mittlerer Buntsandstein		Unterer Muschelkalk (Bleicheröder Berge)	Mittlerer Muschelkalk (Kleinberndten)	Oberer Muschelkalk (Ettersberg)	Unterer Keuper (Kölledaer Gewölbe)	Mittlerer Keuper (Schillingstedt)
	lehmig-schluffige Fazies Nordthüringens (Wippergebiet)	lehmig-sandige Fazies Südthüringens	lehmig-schluffige Fazies Nordthüringens (Wippergebiet)	lehmig-sandige Fazies Südthüringens					
1	2	3	4	5	6	7	8	9	10
N (MD-Werte) mm a⁻¹	630	650	643	650	683	610	585	520	505
mittl. Niederschlag für Untersuchungszeitraum 72–74 mm a⁻¹					631	553	626	500	473
Flächenanteil Bewaldung %	20	70	25	70	100	34	75	8	5
Flächenanteil ackerbaul. Nutzfläche %	80	30	75	30	–	66	25	92	95
mittl. Höhenlage mü. NN	200–350	515	200–350	515	440	400	386	187	190
mittl. Jahrestemperatur °C	7,5	6,8	7,5	6,8	7,4	7,5	8,4	8,4	8,4
A_0 (aus Abflußmessungen) der Gebietslysimeter mm a⁻¹	75,5	61	75,5	61	67	1	60	19	13,5
V nach Lysimetermessungen mm a⁻¹	462	464	437	442	404	keine Werte	483	428	412
V nach BAGROW mm a⁻¹	483	517	488	500	527	472	541	428	435
V nach WUNDT/TURC mm a⁻¹	458	466	467	466	454	417	414	400	359
A_u nach Lysimetermessungen mm a⁻¹	87	120	125	142	161	keine Werte	78	50	45
A_u nach BAGROW mm a⁻¹	128	131	137	148	94	130	81	98	60
A_u nach KORTÜM mm a⁻¹	77	104	98	128	68	54	19	36	28

Bemerkung:

Spalte 2–5 bezogen auf langjähriges Niederschlagsmittel, Spalte 6–10 bezogen auf mittlere Niederschlagsmenge des Untersuchungszeitraums 1972/74.
Sämtliche Berechnungen nach KORTÜM und BAGROW auf der Grundlage von N_g

meteruntersuchungen geben hinsichtlich der Grundwasserleiter der Trias Aufschluß darüber, wieviel Grundwasser sich erneuert, nach welchen Gesetzen diese Erneuerung erfolgt, wieviel abfließt oder gewonnen werden kann. Mit den Untersuchungen ist es im Festgesteinsbereich erstmals möglich geworden:

— Wasserhaushaltsgrößen zahlenmäßig zu belegen,

— Abweichungen der Berechnungen nach den neueren Übertragungsformeln (KORTÜM und BAGROW) nachzuweisen,

— Die Größe des ständig nutzbaren Grundwasserdargebots zu ermitteln:

su/sm (Wippergebiet):	$Au_{min} = 0{,}65\ \overline{Au}$
mu:	$Au_{min} = 0{,}15\ \overline{Au}$
mo:	$Au_{min} = 0{,}7\ \overline{Au}$
ku:	$Au_{min} = 0{,}45\ \overline{Au}$
km:	$Au_{min} = 0{,}6\ \overline{Au}$

Für künftige Dargebotsberechnungen im Bereich der Trias sind folgende Erkenntnisse zu berücksichtigen:

a) Zwischen den Wasserhaushaltsgrößen N und Au bestehen keine linearen Beziehungen. Der Hauptanteil der Grundwasserneubildung erfolgt über die rinnenförmige Versickerung in nichtkapillaren Hohlräumen (Klüfte, Trocken- und Schwundrisse, Wurzel- und Wurmkanäle). Die Neubildungszeiten sind deshalb nicht nur auf Winterhalbjahre beschränkt.

b) Die gemessenen unterirdischen Abflüsse weisen im Vergleich zu den wirksamen Niederschlägen Verzögerungszeiten auf. Daraus ergibt sich die Notwendigkeit, den wirksamen Niederschlag um diese Zeitspanne zurückzudatieren.

c) Rückhaltevermögen und Verzögerung sind je nach anstehender Gesteinsart, Größe des Einzugsgebiets, Mächtigkeit des Verwitterungsbodens, Aufschlußtiefe und Standort einer Meßstelle im Einzugsgebiet sehr unterschiedlich.

d) Hinsichtlich der Beurteilung des konzentriert nutzbaren Dargebots ergeben sich für die Grundwassererschließung mittels Bohrungen gewisse Unsicherheiten aus der unregelmäßigen Anordnung wasserführender Klüfte und Spalten. Im ungünstigsten Fall kann allein das aus dem Porenraum auf Schichtfugen zulaufende Wasser gewinnbar sein.

e) Es gibt keine absolut undurchlässigen Gesteinskomplexe. Diese Erkenntnis ist wichtig für Fragen zur Festlegung von Grundwasserschutzzonen sowie der Verregnung von Gülle und anderen Wasserschadstoffen.

Methodische Gesichtspunkte:

— Von den gebräuchlichen Erfahrungswerten sind die von HOPPE (1969) durch Auswertung zahlreicher Bohrungen und Pumpversuche ermittelten Versickerungsfaktoren die Werte, die den tatsächlichen Verhältnissen am nächsten kommen.

— Die Auswertung des Bodenfeuchtegangs scheidet als selbständige Methode zur Ermittlung der Grundwasserneubildung aus, da hiermit nur die untersten Grenzwerte der Neubildungsmengen erfaßt werden. Sickervorgänge in schnelldränenden Hohlräumen mit Fließgeschwindigkeiten bis zu mehreren dm/min in vertikaler und lateraler Richtung können mit diesem Meßverfahren nicht erfaßt werden.

— Für hydrogeologisch und meterologisch gleichartige Gebiete, wie z. B. die Bereiche des Muschelkalks,

Ohmgebirge,
Hainich,
Dün-Hainleite,
Südrand des Thüringer Beckens,

können die angegebenen Wasserhaushaltsgrößen übertragen werden.

— Auf Grund der Auswertungen unter Abschnitt 5 und zur Vermeidung von Fehlberechnungen sind die Verfasser der Meinung, für Dargebotsberechnungen im Bereich der Trias auf die nach Gebietslysimeteruntersuchungen entstandenen empirischen Berechnungsmethoden zu orientieren. Es besteht kein Zweifel, daß auch Berechnungen nach den Übertragungsformeln (KORTÜM und BAGROW) möglich sind, wenn die oben genannten Voraussetzungen erfüllt werden.

Zusammenfassung

Zur Berechnung des Grundwasserdargebots werden die Ergebnisse verschiedener Berechnungsverfahren gegenübergestellt und an tatsächlichen Meßwerten aus Gebietslysimetern geeicht. Hinsichtlich der praktischen Arbeit bedeutet dies vor allem bei Übertragungen von Wasserhaushaltsgrößen, die gebietsspezifischen Besonderheiten zu berücksichtigen. Besonders günstig gestaltet sich im Festgesteinsbereich eine Kombination verschiedener Verfahren der Dargebotsermittlung. Nach vorgelegter Modellvorstellung der Gebietslysimeter ist diese hinsichtlich Inhomogenitäten und Anisotropien wandlungs- und ausbaufähig.

Резюме

Для вычисления доставки грунтовых вод сопоставляют результаты разных способов вычисления и проверяют естественными данными измерения от областных лизиметров. Это значит особенно ввиду практической работы учесть при перенесении данных водяного хозяйства областноспецифические особенности. Особенно благоприятно получится в области твердых пород комбинация разных способов выяснения доставки. По предложенным модельным представлениям областных лизиметров она является ввиду неоднородности и анизотропий способной для изменения и построения.

Summary

For calculating present ground water the results of various methods are compared and calibrated by real values measured by means of regional lysimeters. As far as practical work is concerned, this means above all a consideration of pecularities specific to a region when transferring water-balance quantities. By combining various methods a determination of ground water present in the solid-rock range is particularly favourable. A model representation of regional lysimeters is presented and can be subjected to modification and completion in view of inhomogeneities and anisotropies.

Literatur

GRUNSKE, K.-A.: Methodische Gesichtspunkte bei der Berechnung der Grundwasserneubildung. — Z. angew. Geol., 21, 3, 114—119, Berlin 1971.

GRUNSKE, K.-A.; ESCHNER, J.: Zur Methodik der Berechnung der Grundwasserneubildung bzw. des Grundwasserdargebotes. — Wiss.-techn. Inform.-Dienst zentr. geol. Inst., Sh. 5, Berlin 1975.

HOPPE, W.: Zur Frage der Grundwasserneubildung in der Trias des Thüringer Beckens. — Wiss. Z. Hochsch. Archit. u. Bauw., 16, 6, Weimar 1969.

KORTÜM, F.: Der Zusammenhang zwischen dem Wärme- und Wasserhaushalt und sein Einfluß auf die Grundwasserneubildung. — Wasserwirtsch.-Wassertechn., 11, 8, Berlin 1961.

ZIESCHANG, J.: Die Berechnung des natürlichen Grundwasserdargebotes für die Grundwasserlagerstätten des Mittleren Buntsandsteins. — Z. angew. Geol., 11, 3, 131—135, Berlin 1963.

ZIESCHANG, J.: Zur Bestimmung der niederschlagsbedingten Grundwassererneuerung. — Z. angew. Geol., 21, 4, 191—193, Berlin 1975.

Zum thermischen Verhalten lunarer Gesteinsproben in Abhängigkeit vom Druck

ENGLER, R.; WAGNER, F. C., Potsdam

(Mitteilungen des Zentralinstituts für Physik der Erde Nr. 534)

Petrophysikalische Untersuchungen haben gezeigt, daß sich das physikalische Verhalten von lunaren Gesteinen wesentlich von dem terrestrischer Gesteine mit ähnlichem Chemismus unterscheidet. Die niedrigen Werte der Longitudinal- und Scherwellengeschwindigkeiten (TODD u. a. 1972; WANG u. a. 1971) und die thermischen Leitfähigkeiten bei Drücken unter 100 bar (HORAI u. a. 1970) sowie die hohen Kompressibilitätswerte für einige Apollo 12-Basalte zeigen im Vergleich zu irdischen Gesteinen (WOLAROWITSCH 1966; BELIKOW 1970; LEBEDEW 1971), daß die Mondgesteine extrem zerrüttet sind. Somit ist der Koeffizient der thermischen Ausdehnung lunarer Gesteine etwas niedriger als der der terrestrischen Gesteine ähnlicher Zusammensetzung.
KANAMORI u. a. (1970) stellten fest, daß die Transversal- und Longitudinalwellengeschwindigkeiten für Mondgestein bei einem Druck von ungefähr 5 kbar ihre stabilen Werte erreichen, d. h. bei diesem Druck haben sich alle Mikrospalten geschlossen.
Ein ähnliches Verhalten wurde für die Änderung der thermischen Ausdehnung mit dem Druck abgeleitet: Der Koeffizient der thermischen Ausdehnung vergrößert sich über seinen atmosphärischen Druckwert als stetige Funktion der Tiefe. Durch das Schließen der Spalten erreicht er in einer Tiefe von über 90 km einen Wert von

$$21 \cdots 23{,}5 \cdot 10^{-6}\ \mathrm{grad}^{-1}$$

Der Wert für den Koeffizienten der thermischen Ausdehnung des terrestrischen Gesteins beträgt dagegen nur

$$16 \cdot 10^{-6}\ \mathrm{grad}^{-1}$$

Die spezifische Wärme c_v steht in indirekter Beziehung zur thermischen Ausdehnung α; es gilt für feste Körper folgende Gleichung (BIRCH 1952):

$$c_v = \frac{\alpha}{\varrho \varkappa \gamma} \qquad (1)$$

wobei ϱ die Dichte, $\varkappa$ die Kompressibilität und γ das Grüneisenverhältnis bedeuten.
Für verschiedene Gesteine von Apollo 12, Probe 12022, Probe 12002; Apollo 14, Probe 14310 und Apollo 15, Probe 15418 sind die Werte der spezifischen Wärme nach Gl. (1) berechnet worden. Es mußte jedoch berücksichtigt werden, daß nicht von allen Bestandteilen der Proben die thermische Ausdehnung und das Grüneisenverhältnis bekannt waren. Somit konnte c_v nur von dem jeweiligen Hauptelement einer Probe ermittelt werden.

Eingang des Manuskripts in der Redaktion: 9. 4. 1976.

Es ergaben sich folgende c_v-Werte (Tab. 1):

Tab. 1. Spezifische Wärme für verschiedene lunare Gesteine

Probennummer	12002	12022	14310	15418
Hauptelement	Albit	Olivin	Anorthit	Anorthit
α	17	25	15	$15 \cdot 10^{-6}$ grad^{-1}
γ	0,5	1,2	0,7	0,7
$\varkappa$	2,8	28	34,5	$27{,}5 \cdot 10^{-7}$ cm^{2}kp^{-1}
ϱ	3,32	3,3	2,88	2,8 g/cm^3
c_v	3,64	2,25	2,22	2,79 kpcmg^{-1}grad^{-1}

Der Vergleichswert für irdischen Olivin

$$c_v = 10\ \mathrm{kpcmg}^{-1}\mathrm{grad}^{-1}$$

zeigt, daß die spezifische Wärme terrestrischer Minerale wesentlich höher liegt. Die in Tab. 1 aufgeführten c_v-Angaben beziehen sich auf Normaldruck. Berechnungen der spezifischen Wärme unter thermischem Einfluß wurden bereits durchgeführt, jedoch noch keine c_v-Bestimmung in Abhängigkeit vom Druck.
Im folgenden soll $c_v = f(p)$ nach Gleichung (1) ermittelt werden. Dazu sind zwei Annahmen möglich:

1. Annahme: α konstant
   $\varkappa$ variiert
2. Annahme: α variiert
   $\varkappa$ variiert
   ϱ konstant für eine Probe.

Für die c_v-Berechnungen nach der ersten Annahme sind Kompressibilitätswerte notwendig. Diese wurden (ENGLER 1976) für die Proben 12002, 14310 und 15418 in Abhängigkeit vom Druck berechnet und zur c_v-Bestimmung übernommen. Die übrigen Größen sind in Tab. 1 angegeben.
Tab. 2 zeigt die Zusammenfassung der Ergebnisse der ersten Annahme.

Tab. 2. Spezifische Wärme in Abhängigkeit vom Druck (erste Annahme)

p/bar	12002	14310	15418
0	3,64	2,22	2,79 c_v(kpcmg^{-1}grad^{-1})
100	4,75	2,37	3,06
250	6,04	2,68	3,25
500	6,45	3,23	3,72
750	8,3	3,75	4,22
1000	8,55	4,49	4,92
1500	9,83	4,49	4,92
2000	10,00	4,95	5,44
3000	10,7	5,29	5,75
4000	—	5,44	5,8
5000	11,9	5,86	6,28
6500	12,3	—	—

Zeitschrift für angewandte Geologie, Bd. 23 (1977), Heft 11

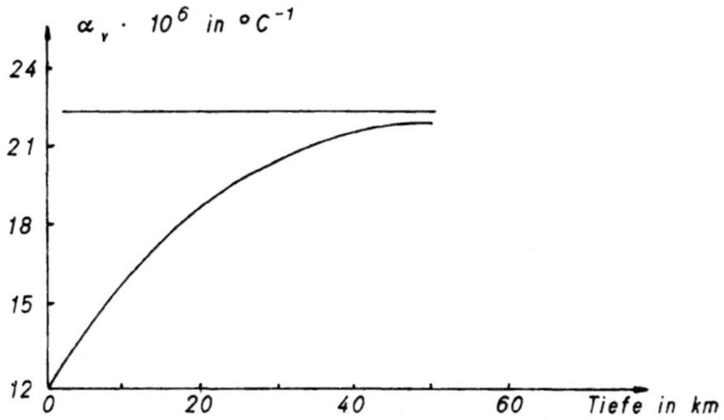

Abb. Mittlerer thermischer Volumenausdehnungskoeffizient als Funktion der Tiefe für Mondgestein 10057 nach BALDRIDGE & SIMMONS (1971).

Mit der zweiten Annahme soll das Verhalten der spezifischen Wärme unter Druck bei Variation der Kompressibilität und der thermischen Ausdehnung untersucht werden. Bisher wurden noch keine Meßwerte für die thermische Ausdehnung in Abhängigkeit vom Druck in der Literatur angegeben. Die Bestimmung von $\alpha = f(p)$ erfolgt mit dem Modell von BALDRIDGE & SIMMONS (1971) (Abb.) und der Druck-Tiefen-Übersicht nach ENGLER (1976).
Die Abb. zeigt, daß die Berechnungen nur für eine spezielle Apollo 11-Probe (10057) durchgeführt wurden. Für dieses Gestein sind jedoch keine Longitudinal- und Transversalwellengeschwindigkeiten angegeben, so daß die Berechnung der Kompressibilität und folglich der spezifischen Wärme nicht möglich war. Zur c_v-Bestimmung wurde deshalb eine andere Probe (12002) verwendet. Beide haben eine basaltähnliche Zusammensetzung.
Tab. 3 zeigt die Ergebnisse der zweiten Annahme.

Tab. 3. Spezifische Wärme in Abhängigkeit vom Druck (zweite Annahme, Probe 12002)

p/bar	$\varkappa(10^{-7}\ cm^2kp^{-1})$	$c_v \left(\frac{kpcm}{g \cdot grd}\right)$	$\alpha(10^{-6}\ grd^{-1})$
30	28	2,58	12
380	16,5	5,7	15,5
570	15	6,8	17
760	12,4	9,0	18,5
1000	12,0	9,78	19,3
1270	11,2	11,0	20,4
1460	10,5	12,0	20,9
1650	10,38	12,5	21,5
1840	10,31	12,7	21,7
2030	10,2	12,8	22,0

α — nach BALDRIDGE & SIMMONS (1971)

Diskussion

In Tab. 2 sind die Ergebnisse unter den Voraussetzungen aufgeführt, daß die thermische Ausdehnung konstant und die Kompressibilität variabel sei. Es ergibt sich für die Proben von Apollo 12,14 und 15 ein kontinuierlicher Anstieg der spezifischen Wärme mit dem Druck. Erst bei einem Druck von 2 kbar strebt c_v einem konstanten Wert zu.
Durch die zweite Annahme wird der Übergang zu einem konstanten Wert noch deutlicher und somit eine Erklärung der Diskrepanz zwischen der spezifischen Wärme des irdischen und lunaren Gesteins möglich.

Aus Tab. 3 ist ersichtlich, daß die c_v-Werte des Mondgesteins erst ansteigen und dann eine Stabilisierung eintritt. Es muß somit angenommen werden, daß sich bei einem Druckbereich von 1 kbar bis 1,2 kbar die Spalten schließen und sich dann auch das extrem zerrüttete lunare Oberflächengestein wie ein Material ohne wesentliche elastische Störungen verhält und mit terrestrischen Gesteinen verglichen werden kann.

Zusammenfassung

Für verschiedene Gesteine von Apollo 12, 14 und 15 wurden die Werte der spezifischen Wärme c_v unter Normal- und erhöhtem Druck (bis 2 kbar) berechnet. Dabei zeigt sich bei Normaldruck, daß die c_v-Werte für irdisches Olivin im Vergleich zu lunarem Olivin viermal größer sind. Die Bestimmung der spezifischen Wärme in Abhängigkeit vom Druck ermöglicht eine Erklärung dieser Diskrepanz. Die Wertetabelle von $c_v = f(p)$ ergibt, daß die c_v-Werte des Mondgesteins erst ansteigen und dann einem konstanten Wert zustreben. Somit ist die Annahme berechtigt, daß sich bei einem Druckbereich von 1 kbar bis 1,2 kbar die Spalten des Gesteins schließen, sich das lunare Material wie festes Gestein verhält und den gleichen c_v-Wert wie irdisches Gestein erreicht.

Резюме

Для различных пород от Аполлона 12,14 и 15 расчитывались данные специфической теплоты c_v при нормальном и повышенном давлениях (до 2 кбар). При этом показывалось при нормальном давлении, что данные c_v для земного оливина по сравнению с лунным оливином в четыре раза больше. Определение специфической теплоты в зависимости от давления позволило объяснение этого отклонения. Таблица данных от c_v давала, что данные c_v лунных пород сперва возрастают а потом стремят к постоянному значению. Так предположение оправдано, что в пределе давления от 1 кбар до 1,2 кбар закрываются трещины породы, что лунный материал ведется как твердая порода и достигает такое же значение c_v как порода земли.

Summary

For various rocks of Apollo 12, 14 and 15 the specific heat values c_v were calculated under normal and increased pressure (up to 2 kbar). It was shown that compared with lunar olivine the c_v values for terrestrial one are four times higher. A determination of the specific heat as dependent on the pressure makes it possible to explain this discrepancy. From the table of values for $c_v = f(p)$ results that first the c_v values of the lunar rock rise and then tend toward a constant value. Thus it may be supposed that the cracks of rock are closed in a pressure range extending from 1 to 1,2 kbars, that lunar material acts like solid rock, and that it attains the same c_v value as terrestrial rock.

Literatur

BALDRIDGE, W.; SIMMONS, G.: Thermal expansion of lunar rocks. — Proc. Second Lunar Sci. Conf., 3, 2317—2321, MIT Press (1971).
BELIKOW, B. P.: Die elastischen Eigenschaften der gesteinsbildenden Minerale und Festgesteine (russ.). — Moskau 1970.
BIRCH, F.: Elasticity and constitution of the Earth's Interior. — J. geophys. Res., 57, 2, 227—286, Washington 1952.
ENGLER, R.: Elastische und thermische Eigenschaften von Mondgestein und oberen Schichten des Mondes. — Diplomarbeit, Humboldt-Universität Berlin, Berlin 1976.
HORAI, K.; SIMMONS, G.; KANAMORI, H.; WONES, D.: Thermal diffusitivity, conductivity and thermal inertia of Apollo 11 lunar material. — Proc. Apollo 11 Lunar Sci. Conf., Geochim. et cosmochim. Acta, Suppl. 1, 3, 2243—2249, London 1970.
KANAMORI, H.; NUR, A.; CHUNG, D.; SIMMONS, G.: Elastic wave velocities of lunar samples at high pressures and their geophysical implications. — Proc. Apollo 11 Lunar Sci. Conf., 3, 2289—2293, Pergamon 1970.
LEBEDEW, T. S.: Frühe Längswellen bei hohen Drücken in magmatischen Gesteinen (russ.). — Geofis. Sb. AN Ukr. SSR, 41, Kiew 1971.
TODD, T.; WANG, H.; BALDRIDGE, W. S.; SIMMONS, G.: Elastic properties of Apollo 14 and 15 rocks. — Proc. Third Lunar Sci. Conf., 3, 2577—2586, MIT Press (1972).
WANG, H.; TODD, H.; WEIDNER, D.; SIMMONS, G.: Elastic properties of Apollo 12 rocks. — Proc. Second Lunar Sci. Conf., 3, 2327—2336, MIT Press (1971).
WOLAROWITSCH, M. P.: Elektrische und mechanische Einflüsse auf Festgesteine bei hohen Drücken (russ.). — Moskau 1966.

Natrium–Magnesium-Doppelsulfatminerale im oberen Zechstein 2

ELERT, K.-H., Sondershausen

(Mitteilung aus dem VEB Kombinat Kali Sondershausen)

1. Vorbemerkung

Minerale oder Mineralgruppen können bekanntlich durch ihre spezifischen Bildungsbedingungen eine Fazies einschließlich postsedimentärer Veränderungen charakterisieren. Für den oberen Zechstein 2 gilt dies u. a. für die Natrium-Magnesium-Doppelsulfate

Löweit (lö)	$Na_{12}Mg_7(SO_4)_{13} \cdot 15\,H_2O$,
Astrakanit (as)	$Na_2Mg(SO_4)_2 \cdot 4\,H_2O$ und
Vanthoffit (vh)	$Na_6Mg(SO_4)_4$.

Diese Minerale sind Bildungen des Systems

$$MgSO_4 + Na_2Cl_2 \rightleftharpoons Na_2SO_4 + MgCl_2$$

das nach isothermer Darstellung im quinären System (Abb. 1) mit steigender Na_2SO_4-Konzentration die Mineralabfolge Kieserit, Löweit, Astrakanit, Vanthoffit, D'Ansit und Thenardit ergibt. Eine Verschiebung des Systems in Richtung KCl führt zu den Existenzfeldern von Glaserit, Leonit, und Langbeinit. Da die Sedimente des oberen Zechsteins 2 in ihrer primären Anlage kaliumbetont sind, erscheint das genannte Gleichgewicht stofflich als Ausnahme. Ziel der vorliegenden Arbeit ist eine Darstellung der Faktoren, die in ihrem Zusammenwirken zur Bildung der Na—Mg-Doppelsulfate führten.

2. Probleme der Mineralidentifikation

Die Zuverlässigkeit von Mitteilungen über Na—Mg-Doppelsulfat-, insbesondere über Vanthoffitvorkommen wird durch die Identifikationsprobleme dieser Mineralgruppe beeinträchtigt. Kritisch ist speziell die Differentialdiagnose von Astrakanit und Vanthoffit, die zu vielfachen Verwechslungen beider Minerale führte (vergleiche auch SEYFARTH 1966). Die früher praktizierte Mineralidentifikation durch Dichtetrennung von Körnerpräparaten erscheint durch die im Dünnschliff nachgewiesenen feinen Verwachsungen mit Polyhalit (D = 2,78) unsicher; je nach Mengenverhältnissen können sie in Assoziation mit Astrakanit (D = 2,25) oder Kainit (D = 2,15) nicht vorhandenen Vanthoffit (D = 2,69) vortäuschen. Unter diesem Aspekt erscheint eine Reihe älterer Angaben über Vanthoffitvorkommen zweifelhaft.

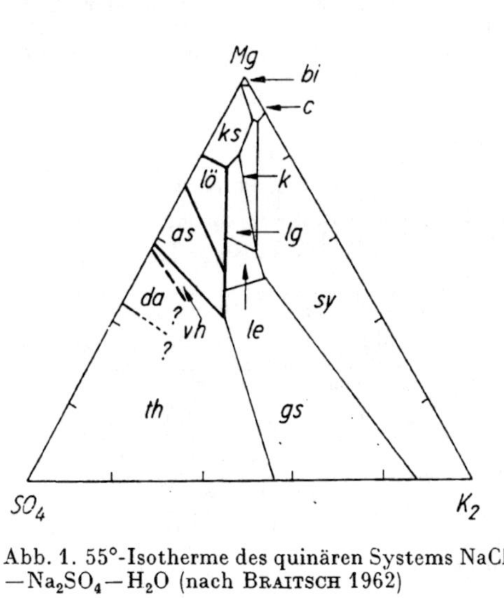

Abb. 1. 55°-Isotherme des quinären Systems $NaCl-KCl-MgCl_2-Na_2SO_4-H_2O$ (nach BRAITSCH 1962)

Eingang des Manuskripts in der Redaktion: 23. 2. 1977.

Nach MIDDENDORF (1930) entwickelt sich Vanthoffit im Grubenfeld Aschersleben V als seitlicher Vertreter des Langbeinits in Richtung Carnallitit und erfährt seine Hauptanreicherung oberhalb der Löweitverbreitung. Auf Wilhelmshall-Dingelstedt erscheint er nach KUBIERSCHKY (1902) zwischen einem ausgeprägt langbeinitischen Lagerteil und überlagerndem Hartsalz. Für die Schachtanlage „Weser" (Raum Hannover) beschreiben schließlich HESEMANN & SCHÖNDORF (1921) Vanthoffit im kieseritischen Hartsalz des Flözes K 2. Seine Gehalte betragen in dessen unteren Partien angeblich 0,1…1%, in den obersten bis zu 13%. Diese Vorkommen widersprechen der vertikalen Mineralverteilung (siehe unten) und sind durch die kaliumreiche Umgebung physikochemisch völlig unwahrscheinlich.

Makroskopisch erkennbar sind Na—Mg-Doppelsulfate nur in lagen- und linsenförmigen Anreicherungen. Hierbei kann es leicht zu Verwechslungen mit anderen Sulfaten (Langbeinit, Kieserit II) kommen, während eine definitive Mineralansprache am Anstehenden praktisch nicht möglich ist. Löweit ist farblos und besitzt einen schwach glasigen Glanz; beim Anschlagen zersplittert er leicht. Astrakanit ist meist farblos, seltener lichtbis hellgrau oder gelblich. Er ähnelt dem Langbeinit, von dem er sich jedoch durch fehlende Tribolumineszenz unterscheidet. Vanthoffit wird meist als milchigtrübe beschreiben, jedoch kann diese Erscheinung auch für Löweit und Astrakanit zutreffen. Die von BECK (1911) dargelegte Neigung des Vanthoffits, bei der Probenahme einen muscheligen Bruch zu entwickeln und in scherbenähnliche Splitter zu zerfallen, entspricht nach eigenen Beobachtungen eher dem Löweit.

Mikroskopisch läßt sich Löweit durch seinen optisch einachsignegativen Charakter sicher identifizieren. Vom Glauberit, der durch den niedrigen Winkel der optischen Achsen eine Einachsigkeit vortäuschen kann, unterscheidet sich Löweit durch seine niedrigere Idiomorphieneigung und die geringere Lichtbrechung. Astrakanit und Vanthoffit sind zweiachsignegativ und besitzen mit gleichen Brechungsindizes auch die gleiche, niedrige Doppelbrechung. Ein sicheres Unterscheidungsmerkmal ist nur der Winkel der optischen Achsen, der jedoch Korn für Korn bestimmt werden müßte. Als Hilfsmittel ist beim Astrakanit die strake chromatische Dispersion der optischen Achsen ($\varrho < v$) zu verwerten, beim Vanthoffit die fast geradlinige Streckung der Isogyren in der 45°-Stellung, die seinem großen Achsenwinkel entspricht. Bei den eigenen Untersuchungen wurde das Probematerial generell röntgendiffraktometrisch analysiert und anschließend mikroskopisch untersucht. Diese Kombination von Mikroskopie und Röntgenanalyse führte zwar nicht immer zu einer definitiven Korn-für-Korn-Differentialdiagnose von Astrakanit und Vanthoffit, gestattete jedoch eine Vorentscheidung und wesentliche Einengung der als Vanthoffit-Verwachsungen bestimmten Erscheinungen. Sie bestätigt u. a. die Feststellung SEYFARTHs (1966) von der ausgesprochenen Seltenheit des Vanthoffits.

3. Vorkommen

Betrachtet man die Vorkommen an Na—Mg-Doppelsulfaten im Zechstein 2 (Abb. 2), zeigt sich ihre Bindung an die $MgSO_4$-reiche, beckenzentrale Fazies. Die sedimentär angelegte, stoffliche Differenzierung des Zechsteinbeckens in das randliche, $MgSO_4$-ärmere Südharzgebiet und in das $MgSO_4$-reiche, beckenzentrale Unstrut- und Nordharzkalirevier erweist sich damit als erste Voraussetzung für das Auftreten bzw. Nichtvorkommen dieser Mineralgruppe.

Bei den Profilen mit Na—Mg-Doppelsulfaten ist zu unterscheiden zwischen makroskopisch erkennbaren Anreicherungen und nur mikroskopisch erfaßbaren Vorkommen.

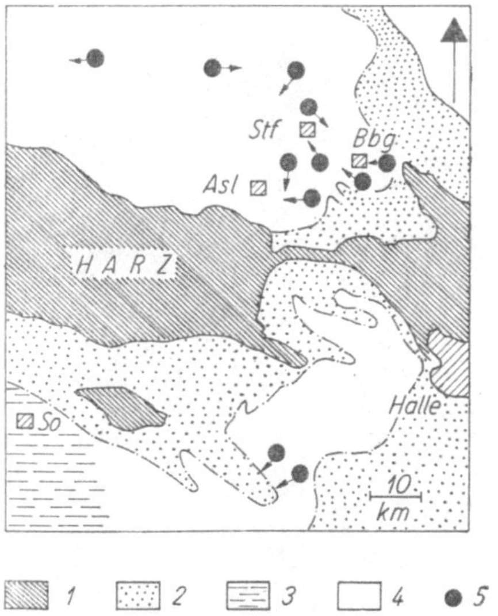

Abb. 2. Fundorte von Na—Mg-Doppelsulfaten (Kartenzusammenstellung nach LÖFFLER 1962)

1 — Grundgebirge; 2 — flächenhaft kalifreie Gebiete; 3 — Südharzfazies des oberen Zechsteins 2; 4 — Unstrut- und Nordharzfazies; Stf — Staßfurt; Bbg — Bernburg; Asl — Aschersleben; So — Sondershausen

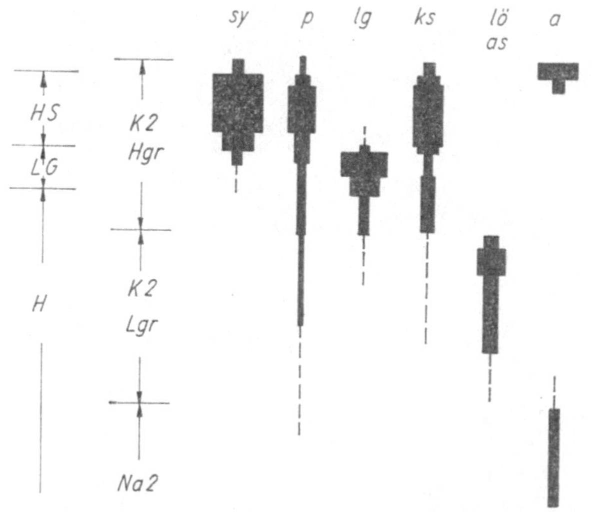

Abb. 3. Schema zur vertikalen Mineralverteilung; Raum Roßleben

HS — Hartsalz; LG — Langbeinitanreicherung; H — Halitit; K2 — Kaliflöz „Staßfurt"; Hgr — Hangendgruppe; Lgr — Liegendgruppe; Na2 — Staßfurtsteinsalz; sy — Sylvin; p — Polyhalit; lg — Langbeinit; ks — Kieserit; lö — Löweit; as — Astrakanit; a — Anhydrit

Makroskopisch erkennbare Anreicherungen sind übereinstimmend an die obersten Übergangsschichten des Staßfurtsteinsalzes (Na 2) und an die Liegendgruppe des Kaliflözes „Staßfurt" (K 2) gebunden. Die Hangendgruppe liegt dabei als Hartsalz mit unterlagernder Langbeinitanreicherung vor, wobei die verstärkte Langbeinitführung auch in die oberste Liegendgruppe hinabreichen kann. Demnach besteht ein offenkundiger Zusammenhang zwischen der Genese der Langbeinitanreicherung und den Anreicherungen von Na—Mg-Doppelsulfaten in den stratigraphisch tieferen Flözhorizonten, wobei sich eine Gesteinsabfolge von

Hartsalz,
Langbeinitanreicherung,
Halitit der Liegendgruppe mit
Na—Mg-Doppelsulfaten,
Halitit des obersten Staßfurtsteinsalzes („Kieseritregion")
mit Na—Mg-Doppelsulfaten und
Staßfurtsteinsalz

ergibt (Abb. 3). Diese petrographische Abfolge findet sich, von zweifelhaften Detaildarstellungen abgesehen, in ihrer grundsätzlichen Anlage in den älteren Publikationen (MIDDENDORF 1930, RÜHLE 1913, TINNES 1928).

Von makroskopisch erkennbaren Vorkommen unabhängig, sind Na—Mg-Doppelsulfate in der aszendent umgebildeten Liegendgruppe vielfach erst durch mikroskopische Untersuchungen erfaßbar. In derartig geringen Konzentrationen sind Löweit und Astrakanit wesentlich häufiger, als es die selteneren Anreicherungen vermuten lassen. Sie erscheinen über und unter Na—Mg-Doppelsulfatanreicherungen, aber auch sporadisch in Profilen, in denen die aszendente Umbildung nur in der Liegendgruppe wirksam wurde oder in denen keine Langbeinitanreicherung vorliegt. Ihre geschätzten Gehalte liegen in solchen Fällen unter 0,1%, während sie mikromorphologisch feinste, intergranulare Schleier mit nur vereinzelter Kornbildung entwickeln. Der Unterschied zwischen makroskopisch und nur mikroskopisch erkennbaren Löweit- und Astrakanitvorkommen zeigt sich deutlich in den Dünnschliff-Integrationsergebnissen von zwei Profilen aus den Grubenfeldern Aschersleben V (Abb. 4) und Roßleben I/II, bei denen bevorzugt Sulfatlagen beprobt wurden. In beiden Fällen sind die makroskopisch erkennbaren Vorkommen auf Lagen von 10 bzw. 45 cm Stärke begrenzt, während die mikroskopische Verbreitung dieser Minerale die gesamte aufgeschlossene Liegendgruppe umfaßt. Ferner erschien die untere stärkere Löweitführung im Ascherslebener Profil mit 12,7% lö im Schliff makroskopisch als Kieseritlage. Eine analoge Probe entstammt dem östlichen Roßlebener Grubenfeld und führt etwa 40% as neben 60% Kieserit.

Nach den Analysenwerten von TINNES (1928) ist Löweit etwas häufiger als Astrakanit und entwickelt in den beprobten Zwischenmitteln auch die höheren Gehalte (30%

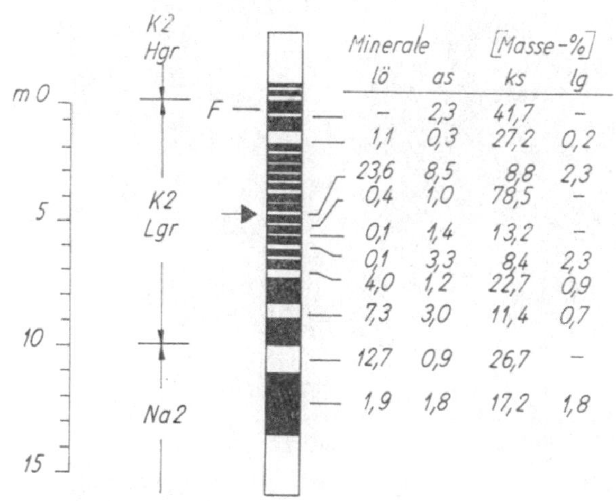

Abb. 4. Vertikale Na—Mg-Doppelsulfatverteilung nach Dünnschliffintegrationen; Grubenfeld Achsersleben V

1 — makroskopisch erkennbare Na—Mg-Doppelsulfatanreicherung; 2 — Steinsalzbank; F — Steinsalzleitbank F. Die übrigen Symbole wie in Abb. 3

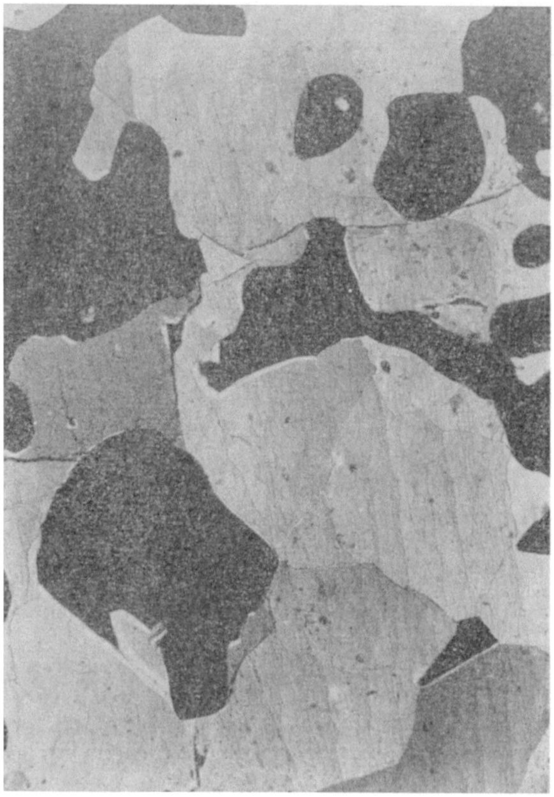

Abb. 6.

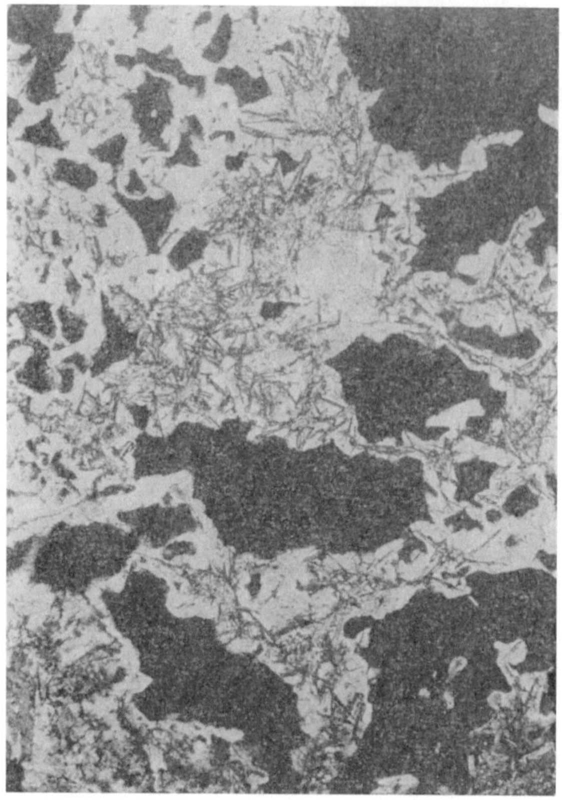

Abb. 8.

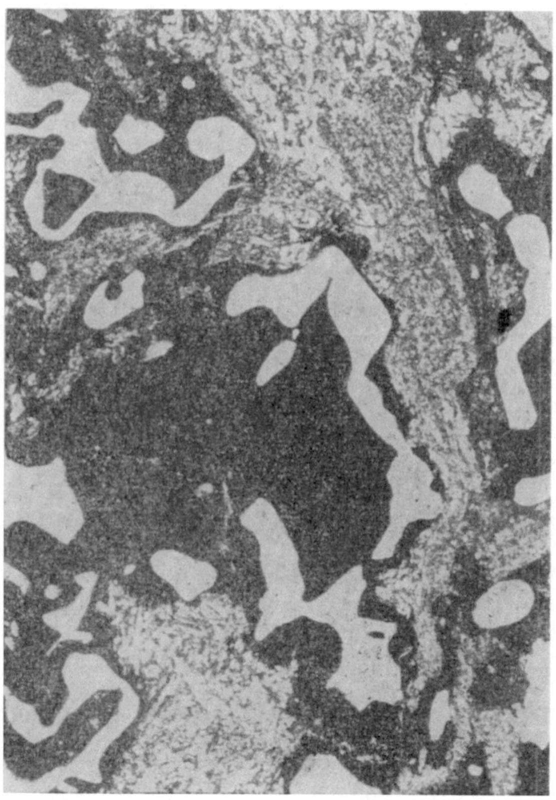

Abb. 5.

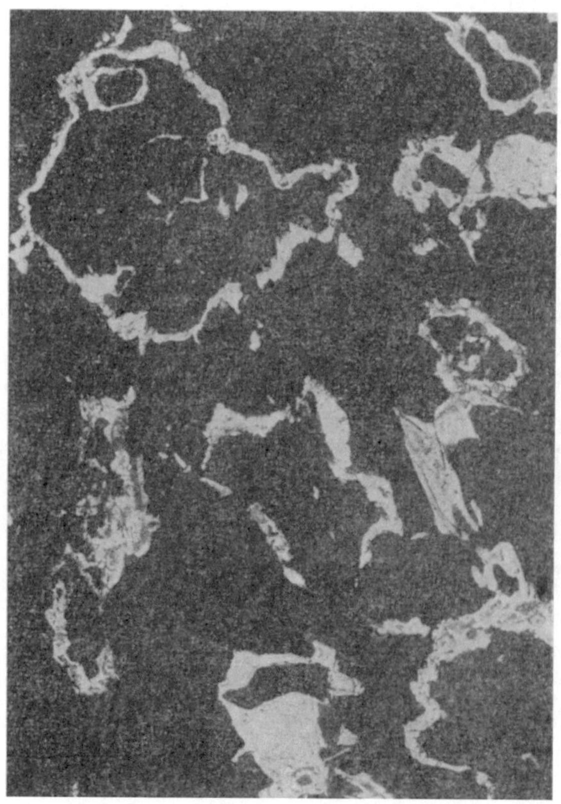

Abb. 7.

aller lö-Werte weisen über 10 Masse-% aus, während 95% der as-Daten weniger als 10 Masse-% umfassen). Diese Daten kennzeichnen den Löweit als frühere Bildung und stimmen mit der eingangs genannten Mineralabfolge überein. In ihrer vertikalen Verbreitung nehmen Löweit und Astrakanit etwa den gleichen Profilabschnitt ein und umfassen die gesamte Liegendgruppe bis zum obersten Staßfurtsteinsalz; Löweit zeigt dabei eine gewisse Bevorzugung stratigraphisch höherer Partien. Vanthoffit ist demgegenüber auf die obersten Übergangsschichten und die unterste Liegendgruppe beschränkt. Nach dem Prinzip einer zum Liegenden hin zunehmenden Umbildungsintensität (DÖHNER, ELERT, KOCH & MÖTZING 1968) entspricht Vanthoffit damit einer höheren Umbildungsstufe.

Außerhalb der aszendent umgebildeten Liegendgruppe ist Astrakanit aus dem Kainithut des Staßfurter Sattels bekannt (SCHNEEGASS 1964). Da höhere KCl-Gehalte unter Hutbedingungen nach der Kainitbildung zu Leonit und Glaserit führen (BRAITSCH 1962), muß auch hier ein Kieseritüberschuß vorgelegen haben, um das erforderliche chemische System zu entwickeln. Eine Bindung dieser Vorkommen an die Liegendgruppe ist naheliegend, jedoch nicht eindeutig zu rekonstruieren. Nicht auszuschließen sind auch gelegentliche Grenzfälle, bei denen aszendent gebildeter Astrakanit bei der Aufsattelung in den Subrosionsbereich gehoben und irrtümlich als Hutbildung gedeutet wurde.

4. Mikromorphologische Erscheinungen

Mikromorphologisch entsprechen die Na—Mg-Doppelsulfate im wesentlichen den sulfatischen Neubildungen in der Hangendgruppe (ELERT 1968a). Poikiloblastische Formen erscheinen in allen Entwicklungsstadien, wobei intergranulare Neubildungen als Blastesefrühformen vor allem in Gesteinspartien mit niedrigen Na—Mg-Doppelsulfatkonzentrationen zu verzeichnen sind. Gestreckte, durch laterale Wegsamkeitsverhältnisse geformte Neubildungen sind, den geringen Tongehalten der Liegendgruppe entsprechend, seltener als in der Hangendgruppe und bevorzugt an Polyhalitschmitzen zu beobachten. Intragranulare Neubildungen entwickeln sich von intergranularen Reaktionssäumen über Unstetigkeitsflächen oder eingeschlossene Fremdsubstanzen gegen den Wirtskristall.

Löweit

zeichnet in seinen Anfangsstadien häufig polyhalitische Schmitzen nach. Hierbei setzen die gestreckten, unregelmäßig geformten Individuen im Schliffbild bei gleichbleibendem Auslöschungsverhalten häufig ab, so daß bei schematischer Betrachtung eine Verdrängung von Löweit durch Halit vorgetäuscht werden kann. Bei verstärktem Vordringen des Löweits gegen Halit leiten diese Formen jedoch zu poikiloblastischen Kristallen über. An gemeinsamen Korngrenzen von Löweit-Poikiloblasten erfolgt gelegentlich ein beiderseitiges Vordringen, indem Haliteinschlüsse partiell in Löweit umgesetzt werden. Die sich hierbei ergebenden, schlauchförmigen Vorsprünge könnten als gegenseitige Verdrängung gedeutet werden, falls die Haliteinschlüsse als Reaktionspartner unberücksichtigt bleiben.

Polyhalit

wird bei der Löweitblastese umschlossen und bleibt morphologisch unverändert. An Lagen von feinkörnigem Kieserit breitet sich Löweit zunächst ohne Zerstörung des Lagengefüges intergranular aus und umschließt dabei Kieseritaggregate. Eine fortgeschrittene Löweitbildung führt zu Anhäufungen von Kieseritkristallen, die als Relikte ehemaliger Lagen in einer Löweitgrundmasse liegen. Seltener erscheinen poikiloblastische Kieseritkristalle (ks II, ELERT 1968a, 1968b) reliktisch im Löweit. In solchen Fällen kennzeichnen kleinere Partikel durch eine übereinstimmende Auslöschung ihre Zugehörigkeit zu einem ehemals einheitlichen Kieseritkorn und belegen die Kieseritverdrängung durch Löweit. Im unteren Teil der Langbeinitanreicherung kann Langbeinit von Löweit verdrängt werden, wobei sich Löweit von intergranularen Reaktionssäumen her auch intragranular in den Langbeinit hinein entwickelt. An tonig-polyhalitischen Schmitzen erscheint mitunter Astrakanit, der Langbeinit und Löweit verdrängt. Der Halit in der Umgebung derartiger Mineralassoziationen führt häufig rötliche Farbschleier, die auf ehemaligen Sylvin hinweisen.

Astrakanit

erscheint bei geringer Konzentration in isolierten, intergranularen Schmitzen im Halitkornverband, die bei schrägem Anschnitt schleierartige Gebilde ergeben. Die gleichen, filigran- bis dendritenartigen Aggregate liegen bei der inter- und intragranularen Astrakanitbildung im Langbeinit und auf Langbeinit—Halit-Korngrenzen vor. Im Grenzbereich stärkerer Konzentrationen folgt Astrakanit häufig tonig-polyhalitischen Schmitzen und dringt von dort aus gegen Langbeinit, Halit und auch Löweit vor. Eine Verbreiterung der Astrakanitbahnen führt zu poikiloblastischen Kristallen mit Haliteinschlüssen. Die gleichfalls umschlossenen Polyhalitkristalle bleiben morphologisch erhalten. Mitunter bildet Astrakanit stengelige Aggregate, die annähernd senkrecht zu Tonschlieren oder Kieseritlagen orientiert sind. Die längliche Streckung der Einzelkörner weicht mit zunehmender Entfernung von den Kristallisationspunkten einer Kornvergröberung (siehe auch SEYFARTH 1966). Eine Astrakanitneubildung in unmittelbarer Nachbarschaft von Kieseritlagen führt zu

---

Abb. 5. Intergranulare Löweitneubildung (weiß) im Halit (ausgelöscht), gebunden an den Grenzbereich polyhalitischer Schmitzen (Anhäufungen feiner, filzig verwachsener Kristalle). Halitit der oberen Liegendgruppe, Grubenfeld Aschersleben V
Polarisationsmikroskopische Aufnahme, N +, Länge der Bildkante 1,5 mm

Abb. 6. Poikiloblastischer Löweitkristall im Halit (schwarz). Halitit der unteren Liegendgruppe, Grubenfeld Berlepsch—Maybach/Staßfurt
Polarisationsmikroskopische Aufnahme, N +, Länge der Bildkante 7,5 mm

Abb. 7. Intergranulare Astrakanitneubildung (hell) im Halit. Halitit der unteren Liegendgruppe, Grubenfeld Georg-Unstrut
Polarisationsmikroskopische Aufnahme, N +, Länge der Bildkante 7,5 mm

Abb. 8. Poikiloblastischer Astrakanitkristall (hell) mit Einschlüssen von Halit (schwarz) und kleinen Polyhalitkristallen. Halitit der oberen Liegendgruppe, Grubenfeld Roßleben I/II
Polarisationsmikroskopische Aufnahme, N +, Länge der Bildkante 5,0 mm

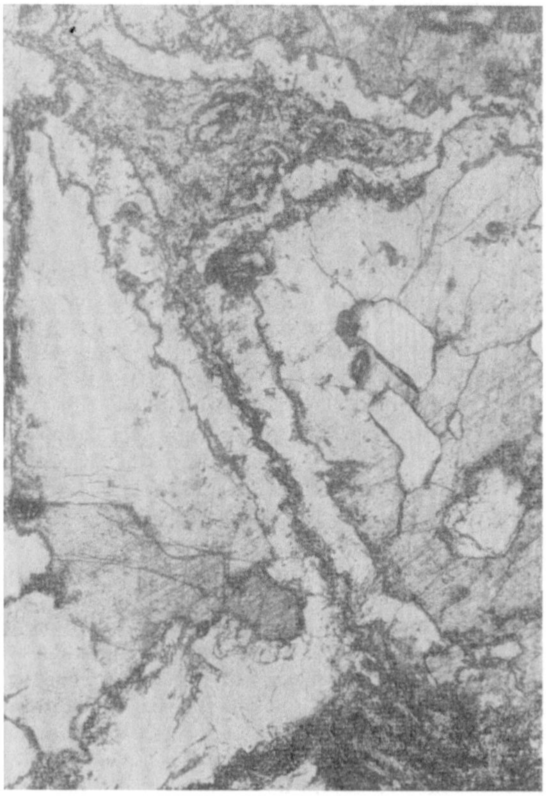

Abb. 10.

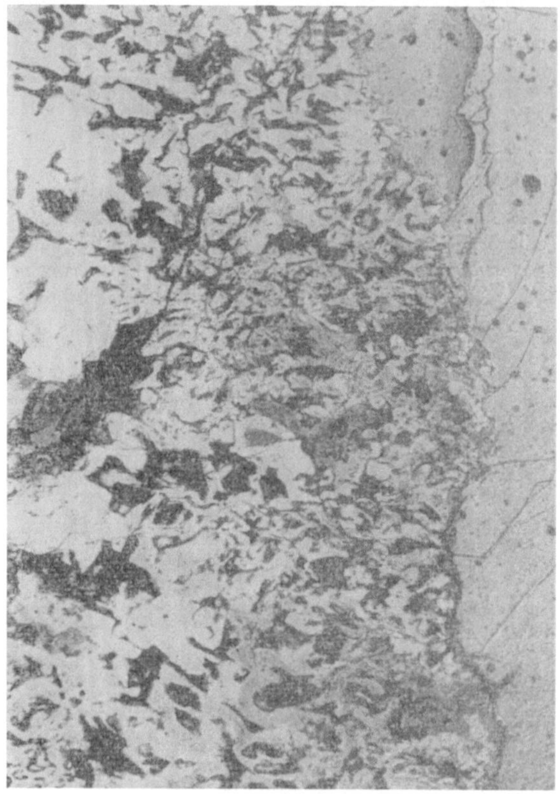

Abb. 12.

Abb. 9.

Abb. 11.

Kieseriteinschlüssen, die entweder isoliert oder als Relikte ehemaliger ksI-Lagen angehäuft erscheinen. Bei großen Kieseritkörnern (ksII) erfolgt auch ein intragranulares Vordringen des Astrakanits, speziell dann, wenn der Kieserit bei seiner Blastese polyhalitische Schmitzen umschloß; hier wirken die Einschlüsse als Leitbahnen für die jüngere, intragranular gebildete Phase.

Neben direkter Kieserit—Halit-Reaktion bildet sich Astrakanit bei der Einwirkung Na_2SO_4-haltiger Lösungen auf Langbeinit (BRAITSCH 1962). Dieser Fall wurde in der oberen Liegendgruppe des Grubenfelds Roßleben an der Untergrenze der Langbeinitanreicherung mehrfach angetroffen. Astrakanit dringt hier gewöhnlich großflächig von den Korngrenzen her und, davon ausgehend, intragranular gegen Langbeinit vor. Dabei entwickelt sich als Grenzfall die Assoziation Astrakanit—Langbeinit—Sylvin, wenn tropfenförmige Sylvinrelikte im Langbeinit eingeschlossen und vor einer unmittelbaren Lösungseinwirkung geschützt vorliegen. Ein Lösen dieser Sylvinrelikte führt bei fortschreitender Langbeinitverdrängung zu einem lokal wirksamen Anstieg des KCl-Gehalts im Reaktionssystem, der als Ursache für die von SEYFARTH (1966) nachgewiesenen, intragranularen Leonit- und Kainitneubildungen im Na—Mg-Doppelsulfatbereich angesehen werden kann. Gleichzeitig belegt die Anwesenheit von Sylvin neben Astrakanit, daß bei derartigen petrographischen Prozessen nicht das gesamte stoffliche System eines Gesteins gleichzeitig, sondern, in Abhängigkeit von Mineralbindung und -verwachsung, zeitlich differenziert reagiert. In Löweit-Astrakanitverwachsungen zeigt Astrakanit stets das niedrigere relative Alter. Löweit ist hier von einem Astrakanitreaktionsraum umgeben oder liegt in isolierten Partikeln mit gleicher Auslöschung in einer Astrakanitgrundmasse. Die letztgenannten Bildungen können als Pseudomorphosen von Astrakanit nach Löweit mit erhalten gebliebenem Löweitkern angesprochen werden. In anderen Fällen dringt Astrakanit von tonig-polyhalitischen Schmitzen als intragranulare Neubildung gegen poikiloblastische Löweitkristalle vor.

Für Vanthoffit

sind myrmekitähnliche Reaktionssäume an Astrakanitkörnern charakteristisch, die nach U-Tisch-Untersuchungen von SEYFARTH (1966) aus einer engen Astrakanit-Vanthoffitverwachsung bestehen. Sie dringen von den Korngrenzen her wie auch intragranular gegen Astrakanit vor. Bei den Reaktionssäumen an Korngrenzen zeichnet sich eine Sammelkristallisation insofern ab, als mit zunehmender Entfernung vom Astrakanit die Korngröße der neugebildeten Mineralsubstanz zunimmt. Daneben ist jedoch eine ausgeprägte undulöse Auslöschung zu verzeichnen, die die konoskopische Beobachtung erheblich erschwert. Diese Reaktionssäume sind selten und decken sich mit der ausgesprochen geringen Häufigkeit des Vanthoffits. Dieser stellt in den untersuchten Aufschlüssen unter den Doppelsulfaten mikromorphologisch insofern eine Ausnahme dar, als er auf inter- und intragranulare Reaktionssäume beschränkt bleibt, ohne eigene Poikiloblasten zu bilden.

Nach den mikroskopischen Befunden bildet sich Löweit aus Langbeinit oder Kieserit und Halit. Astrakanit kann aus den gleichen Mineralen, jedoch auch aus Löweit hervorgehen. Demgegenüber wurde keine Assoziation beobachtet, in der sich Löweit jünger als Astrakanit erwies. Als Vanthoffit anzusprechende Kornaggregate wurden nur am Astrakanit beobachtet und sprechen für begrenzte Temperatur- und Konzentrationsverhältnisse bei der Vanthoffitbildung. Für die Na—Mg-Doppelsulfate ergibt sich damit die relative Altersfolge Löweit—Astrakanit—Vanthoffit, die mit der physikochemischen Abfolge in Richtung zunehmender Na_2SO_4-Gehalte übereinstimmt. Löweit kann dabei fehlen, ist jedoch insgesamt häufiger als Astrakanit. Die Übergänge von Löweit in Astrakanit und von Astrakanit in Vanthoffit können durch wechselnde Temperaturverhältnisse bedingt sein, kennzeichnen allerdings auch einen fortschreitenden Na_2SO_4-Bildungsprozeß, dessen erste Neubildungen instabil wurden und in Minerale übergingen, die der zunehmenden Umbildungsintensität entsprachen.

5. Auswertung

Die Beziehung zwischen der Bildung der Na—Mg-Doppelsulfate und der großräumigen Anlage des oberen Zechsteins 2 ergibt sich bereits aus ihrer Bindung an die beckenzentrale, $MgSO_4$-reiche Fazies. Die zweite Besonderheit ihrer Bildung, von Astrakanit in Hutbereichen abgesehen, resultiert aus der Beschränkung ihrer Vorkommen auf die aszendent umgebildete Liegendgruppe des Flözes K 2 und oberste Partien des Staßfurtsteinsalzes. Die Ursache der stratigraphischen Bindung liegt in den signifikanten regionalen Unterschieden in der vertikalen Anlage der Kieserit- und Carnallitgehalte, die zu der großräumigen Differenzierung der durchschnittlichen $MgSO_4$-Gehalte hinzukommen. So erscheint in den unbeeinflußten Carnallititprofilen des Südharzgebiets Kieserit in der unteren Liegendgruppe mit nur 1···2% neben Carnallitgehalten um 50%; Kieseritdurchschnittsgehalte über 10% werden erst in der oberen Liegendgruppe erreicht. Im Nordharz-Kaligebiet vollzieht sich demgegenüber ein allmählicher Wechsel der Sulfatführung bereits im oberen Staßfurtsteinsalz. Er äußert sich bereits unterhalb der Liegend-

Abb. 9. Astrakanit (mittel- bis dunkelgrau) mit eingeschlossenen Löweitrelikten (weiß). Ausgelöscht: Halit; Halitit der oberen Liegendgruppe, Grubenfeld Roßleben I/II
Polarisationsmikroskopische Aufnahme, N +, Länge der Bildkante 4,0 mm

Abb. 10. Astrakanit (weißgrau) dringt an Schmitzen und Anhäufungen feinster Polyhalitkristalle gegen Löweit (mittelgraue Grundmasse) vor. Weiße, unregelmäßige Einschlüsse im Löweit (oberhalb Bildmitte): Halit; Löweit—Astrakanit-Anreicherung im Halitit der mittleren Liegendgruppe, Grubenfeld Roßleben I/II
Polarisationsmikroskopische Aufnahme, N parallel, Länge der Bildkante 3,5 mm

Abb. 11. Vanthoffit dringt von Korngrenzen und über Unstetigkeitsflächen gegen Astrakanit (helle Grundmasse) vor. Ausgelöscht: Halit; Halitit der unteren Liegendgruppe, Grubenfeld Kleinschierstedt I/II
Polarisationsmikroskopische Aufnahme, N +, Länge der Bildkante 3,5 mm

Abb. 12. Vanthoffit—Astrakanit-Verwachsung als Reaktionssaum am Astrakanit (unten); Halitit der unteren Liegendgruppe, Grubenfeld Kleinschierstedt I/II
Polarisationsmikroskopische Aufnahme, N +, Länge der Bildkante 4,0 mm

gruppe in Kieseritgehalten um 2···3%, die im Grenzbereich Staßfurtsteinsalz/Liegendgruppe sprunghaft auf etwa 10% ansteigen; Carnallit erreicht dagegen erst in der unteren Hangendgruppe Gehalte über 20% (DÖHNER & ELERT 1975). Im dazwischengelegenen Unstrutgebiet sind die Verhältnisse qualitativ gleich, indem $MgSO_4$-haltige Minerale bereits im oberen Staßfurtsteinsalz erscheinen (JUNG & LORENZ 1968). Die Carnallitgehalte der Liegendgruppe bewegen sich zwischen 10 und 30%, die Kieseritgehalte zwischen 10 und 15%. In den Carnallitgehalten ist damit ein Übergang zwischen Nordharz- und Südharz-Kaligebiet gegeben, der jedoch nicht für $MgSO_4$ zutrifft und hinsichtlich der Na—Mg-Doppelsulfate durch das spezifische Reaktionsverhalten des Kieserits (siehe unten) in Richtung zu Nordharzverhältnissen verändert wird.

Als weitere Ursache für die regional differenzierte Verbreitung der Na—Mg-Doppelsulfate ist der unterschiedliche Chemismus der aszendenten Lösungen anzusehen (DÖHNER & ELERT 1975). Nach der Entwicklung des Sulfatbestands im Flöz K 2 waren sie im Südharzgebiet $CaCl_2$-haltig, wodurch das Magnesiumsulfat in Anhydrit überführt und damit aus dem Reaktionssystem entfernt wurde. Neben dieser Reaktion ist das Fehlen der Na—Mg- Doppelsulfate im Südharzgebiet eine indirekte Widerspiegelung der sedimentär angelegten, vertikalen Stoffverteilung insofern, als erhöhte $MgSO_4$-Gehalte mit zu hohen Kaliumchloridmengen verbunden waren, als daß sich ein Na_2SO_4-führendes Gleichgewichtssystem entwickeln konnte. Demgegenüber wirkten im Unstrut- und Nordharzgebiet $CaCl_2$-freie NaCl-Lösungen auf das Flöz ein, so daß Kieserit als Reaktionskomponente erhalten blieb.

Als $MgSO_4$-Träger und stoffliche Voraussetzung für die Doppelsulfatbildung beeinflußt Kieserit mit seinem Löseverhalten den Ablauf der Mineralumbildungen. Hierbei ergeben sich interessante Beziehungen zur Verarbeitungstechnik, die an dieser Stelle nur im Prinzip genannt werden können: Da bei technischen Reaktionen die Dauer eines Vorgangs wichtig ist, wird neben der Löslichkeit die Lösegeschwindigkeit berücksichtigt. Sie hängt von der Reaktion einer Substanz mit dem Lösemittel, von der Substanzverteilung im Lösemittel sowie von der Grenzflächendiffusion ab und ist, u. a. beim Kieserit, nicht immer der Untersättigung proportional. In derartigen Fällen wird die spezifische Lösegeschwindigkeit ermittelt (KARSTEN 1954), die angibt, wieviel Gramm der Substanz sich pro cm^2 Oberfläche und Sekunde lösen. Abhängig ist sie von der Temperatur und den Lösungsgenossen. Für die Probleme der natürlichen Doppelsulfatbildung ist wesentlich, daß die spezifische Lösegeschwindigkeit des Kieserits etwa um 3 Zehnerpotenzen niedriger ist als die des Sylvins. Durch diese Differenzierung wird mit der Einwirkung von NaCl-Lösungen auf die Liegendgruppe das reaktionsfähige KCl entfernt oder Kalium reaktionsbeständig an Polyhalit gebunden, bevor Kieserit in größerem Maße gelöst und dadurch aktiviert wird. Die aszendente Umbildung führte damit im obersten Staßfurtsteinsalz und in der Liegendgruppe in erster Teilreaktion zu einem Gestein, das im wesentlichen aus Halit und Kieserit bestand und das eingangs genannte chemische System erfüllte. Soweit Kieserit nicht im Gefolge des gleichen Vorgangs herausgelöst wurde, konnte dieses System, je nach Na_2SO_4-Konzentration und Temperatur, zur Bildung von Löweit, Astrakanit und Vanthoffit führen.

Durch die niedrige spezifische Lösegeschwindigkeit des Kieserits entwickelten ferner die zusetzenden NaCl-Lösungen während des Fließvorgangs nur geringe $MgSO_4$-Konzentrationen, die lediglich zur Polyhalitbildung ausreichten. Die Folge ist das Auflösen des Kieserits und eine generell negative $MgSO_4$-Bilanz der aszendent umgebildeten Liegendgruppe. Die zur Doppelsulfatbildung erforderliche $MgSO_4$-Konzentration konnte erst bei längerer Lösungseinwirkung auf Kieserit erreicht werden und setzt ein Verweilen am Reaktionsort, d. h. quasi statische Umbildungsbedingungen voraus. Die Folge ist in halitischer Umgebung die Bildung von Na—Mg-Doppelsulfaten mit lokal erhöhten Konzentrationen, während der gleiche Vorgang in der KCl-reichen Umgebung der stratigraphisch höheren Horizonte zur Langbeinitisierung führte. Die vertikale Aufeinanderfolge von Na—Mg- und K—Mg-Doppelsulfaten erweist sich damit als Nachzeichnung der primär vorgegebenen, in Richtung zum Hangenden ansteigenden Kaliumgehalte. Für die aszendente Umbildung selbst ergibt sich eine Differenzierung in dynamische und statische Bedingungen, die an anderer Stelle näher dargelegt werden. Die verbreitet, aber nur in Spurenkonzentrationen auftretenden Na—Mg-Doppelsulfate kennzeichnen Grenzfälle, bei denen in dynamisch umgebildeten Profilen Lösungsreste intergranular zurückblieben und unter quasi statischen Bedingungen zur Bildung von Na—Mg-Doppelsulfaten führten.

Zusammenfassung

Löweit, Astrakanit und Vanthoffit sind im Zechstein 2 stoffliche Ausnahmebildungen und gebunden an das oberste Na 2 und die Liegendgruppe des Flözes K 2 in aszendent umgebildeten Profilen des beckenzentralen, $MgSO_4$-reichen Abscheidungstyps. Sie erscheinen verbreitet als nur mikroskopisch erfaßbare Spurenbildungen, seltener in makroskopisch erkennbaren Anreicherungen. Die Bildung der Na—Mg-Doppelsulfate wurde bestimmt durch die vertikale Mineralverteilung im carnallitischen Edukt, den Chemismus und die Ausbreitungsdynamik der aszendenten Lösungen sowie durch das Löseverhalten des Kieserits.

Резюме

Лёвеит, астраканит и вантгоффит являются в цехштейне 2 исключительными вещественными образованиями и связаны с верхним Na 2 и лежащей группой пласта K 2 в асцендентно превращенных профилях впадиноцентрального, богатового в MgO_4 типа выделения. Встречаются они лишь в виде микроскопически видимых, образованных следов, реже в макроскопическо видимых обогащениях. Образование двойных сульфатов Na—Mg определено вертикальным размещением минералов в карналлитовом исходном веществе, химизмом и динамикой распространения асцендентных растворов как и отношением растворимости кизерита.

Summary

Loeweite, astrakhanite and vanthoffite are exceptional material formations in the Zechstein 2, and are bonded to the uppermost Na 2 and the floor group of the K 2 seam in ascendantly altered profiles of the basin-central type of separation rich in $MgSO_4$. They appear distributed as trace formations only to be determined microscopically, and occur more rarely in enrichments to be detected macroscopically. The formation of the Na—Mg double sulphates was determined by the vertical distribution of minerals in the original carnallitic material, chemism and dynamics of propagation of the ascendant solutions, as well as by the solubility behaviour of kieserite.

Literatur

AUTENRIETH, H.; BRAUNE, G.: Die Lösungsgleichgewichte des reziproken Salzpaares Na_2Cl_2 + $MgSO_4$ + H_2O bei Sättigung an NaCl unter besonderer Berücksichtigung des metastabilen Bereiches. – Kali u. Steinsalz, 3, 15–30, Essen 1957.

BECK, K.: Neue Vorkommnisse von Vanthoffit. – Kali, 5, 270, Halle 1911.

BRAITSCH, O.: Entstehung und Stoffbestand der Salzlagerstätten. – Springer-Verlag, Berlin/Göttingen/Heidelberg 1962.

DÖHNER, C.; ELERT, K.-H.: Genetische Prozesse im Staßfurt-Salinar. – Z. geol. Wiss., 3, 121–141, Berlin 1975.

DÖHNER, C.; ELERT, K.-H.; KOCH, K.; MÖTZING, R.: Gegenüberstellung unterschiedlicher Umbildungsprozesse im Kaliflöz „Staßfurt" der DDR. – Report XXIIIrd Sess. Internat. Geol. Congr., 8, 269–281, Praha 1968.

ELERT, K.-H.: Erscheinungsformen sekundärer Sulfatminerale im Kaliflöz „Staßfurt". – Bergakademie, 20, 447–454, Leipzig 1968 (1968a).

– Probleme von Mineralparagenesen im Kaliflöz „Staßfurt". – Freiberger Forsch.-H., C 231, 153–168, Leipzig 1968 (1968b).

HESEMANN, F.; SCHÖNDORF, F.: Jahresber. niedersächs. Geol. Ver., 14, Hannover 1921 (zitiert nach KÜHN 1958).

v. HODENBERG, R.; KÜHN, R.; ROSSKOPF, F.: Die chemische Zusammensetzung des Löweits. – Kali u. Steinsalz, 5, 178–189, Essen 1969.

JUNG, W.; LORENZ, S.: Die Ausbildung des Staßfurt-Steinsalzes (Na2) im südöstlichen Harzvorland. – Bergakademie, 20, 509–515, Leipzig 1968.

KARSTEN, O.: Lösegeschwindigkeit von Natriumchlorid und Kieserit in Wasser und in wässrigen Lösungen. – Z. anorg. u. allgem. Chemie, 276, 247–266, Leipzig 1954.

KUBIERSCHKY, K.: Sitz.-Ber. Akad. Wiss., 20, Berlin 1902 (zitiert nach KÜHN 1958).

KÜHN, R.: Zur Mineralogie des Vanthoffits. – Kali u. Steinsalz, 2, 217–222, Essen 1958.

LÖFFLER, J.: Die Kali- und Steinsalzlagerstätten der Deutschen Demokratischen Republik. Teil III: Sachsen-Anhalt. – Freiberger Forsch.-H., C 97/III, Berlin 1962.

MIDDENDORF, E.: Die Ältere Salzfolge des Zechsteins zwischen Staßfurt und Hildesheim. – Arch. Lagerstättenforsch., 48, Berlin 1930.

RÜHLE, C.: Der Aufbau der Kalilagerstätte des Bernburger Sattels, insbesondere des „älteren Lagers" von „Solvayhall in Preußen." – Jber. niedersächs. geol. Ver., 6, 116–147, Hannover 1913.

SCHNEEGASS, G.: Kurze Zusammenstellung der aus dem Zechsteinsalinar vom Staßfurt-Egelner Sattel bekannten Mineralien. – Bergakademie, 16, 331–342, Leipzig 1964.

SCHNEIDER, W.; ZEMANN, J.: Die kristallographischen Konstanten von Löweit. – Beitr. Mineral. u. Petrogr., 6, 201–202, Heidelberg 1959.

SEYFARTH, H. H.: Umbildungserscheinungen der Staßfurtserie. – Diss., Universität Jena, Jena 1966.

TINNES, A.: Die Ältere Salzfolge Mitteldeutschlands unter besonderer Berücksichtigung des Unstrutgebietes. – Arch. Lagerstättenforsch., 38, Berlin 1928.

Zum bisherigen Stand des Umkehrproblems[1]

Grund–Umkehr–Aufgabe Teil V

HEEG, W., Freiberg

1. Zur Notwendigkeit der Lösung des Umkehrproblems

Praktisch unterscheidet man die Voraussetzung des Strömungsverhaltens (z. B. Abbau der Lagerstätte, Untergrundspeicherung, Entwässerung usw.) und die dazu erforderliche Bestimmung der Parameter mit hydro- und gasdynamischen Untersuchungsmethoden. Mathematisch verwenden wir dafür die Begriffe Grundproblem und Umkehrproblem (Tab.). Bei untertägigen Strömungsbereichen erfolgen die Messungen zur Parameterbestimmung natürlich indirekt über Bohrungen. Den bekannten Auswerteverfahren der klassischen hydrodynamischen Untersuchungsmethode (Spiegelanstieg, -abfall, Druckaufbau, Druckabfall, Interferenzmessungen) liegen analytische Lösungen zugrunde. Dafür sind Standardbücher in der sowjetischen und amerikanischen Literatur bekannt[2]. Die praktische Durchführung von hydrodynamischen Untersuchungsmethoden erfordert im allgemeinen eine vollständige Unterbrechung der Produktion (3 Tage bis 6 Monate). Deshalb besteht ein unmittelbares Interesse an einem Auswerteverfahren, das keine Unterbrechung der Produktion benötigt, dem Elementschema des numerischen Modelles besser angepaßt ist und den umfangreichen Datentransport Umkehrproblem zum Grundproblem begünstigt (HEEG 1970).
Die genaueren numerischen Modelle des Grundproblems erfordern eine genauere, komplexere und schnellere Datenbestimmung.

2. Bekannte Verfahren

Seit Beginn des Einsatzes von Analogiemodellen (Elektrointegrator, Hydrointegrator) ist die experimentelle Iteration bekannt. Die Widerstände, Kondensatoren oder Ventile werden so lange verstellt, bis die theoretischen Werte mit den gemessenen Werten übereinstimmen. Dieses bekannte Verfahren wird in verbesserter Form immer wieder aufgegriffen und erfolgreich angewendet. Es unterliegt den bekannten Einschränkungen solcher Analogiegeräte. Mit Hybridanlagen läßt sich dieser Nachteil evtl. durch Mehrfachiteration bei gekoppelten Systemen umgehen (unterschiedliche Randbedingungen). Diese Methode kann man bekanntlich auch mit numerischen Modellen des Grundproblems durchführen. Die Parameter werden so lange geändert, bis die ausgedrückten Ergebnisse mit den Meßwerten übereinstimmen (s. Lit.).
In der Literatur gibt es noch verschiedene Verfahren zur Bestimmung der Parameter. Darunter verdient eine besondere Gruppe von Verfahren Aufmerksamkeit. Das Gleichungssystem für einen Parameter, in letzterer Zeit für zwei, wird durch ein Minimalproblem für die Abweichungen zwischen berechneten und gemessenen Größen aufgestellt. Die Anpassung der Parameter erfolgt im allgemeinen automatisch in mehreren Rechenzyklen. Erste Gedanken dazu stammen von JACOUARD (1964). Das von uns verwendete iterative Umkehrproblem nimmt diese Anpassung ebenfalls automatisch rechnerisch vor. Diese experimentellen und numerischen iterativen Verfahren erfordern einen nicht geringen Aufwand. Dabei tritt nicht immer Konvergenz auf. Ein Verfahren mit nur einem Rechengang, direktes Umkehrproblem, scheint zweckmäßig.
Ein Verfahren wurde vorgeschlagen (HEEG 1969), das unmittelbar die Differenzengleichung zugrunde legt und zur Lösung digitale Rechenautomaten verwendet. Von VEATCH wurde 1971 der gleiche Weg vorgeschlagen. Eine allgemeine Übersicht über die verschiedenen Möglichkeiten zur Lösung des Umkehrproblems geben QUAST & LUCKNER (1971). Grundsätzliche mathematische Untersuchungen im Zusammenhang zum Umkehrproblem erfolgten durch weitere Arbeiten.

3. Differenzengleichung des Umkehrproblems und Lösungsverfahren

Das Differenzengleichungssystem des Umkehrproblems (UPR) erhalten wir aus dem des Grundproblems (GPR). Dabei können die verschiedenen Differenzengleichungen entsprechend den verschiedenen Lösungsverfahren des GPR (implizit, explizit GPR) verwendet werden.

$$
\begin{aligned}
& C_{i-1/2,j}(P^{n+1}_{i-1/2,j} - P^{n+1}_{i,j}) + C_{i+1/2,j}(P^{n+1}_{i+1,j} - P^{n+1}_{i,j}) \\
& + C_{i,j-1/2}(P^{n+1}_{i,j-1} - P^{n+1}_{i,j}) + C_{i,j+1/2}(P^{n+1}_{i,j+1} - P^{n+1}_{i,j}) \\
& + q^{n+1}_{i,j} = C_{i,j}(P^{n+1}_{i,j} - P^{n}_{i,j})
\end{aligned}
$$

Die Unbekannten sind die Koeffizienten C bzw. die darin enthaltenen Durchlässigkeiten und Porositäten. Man erhält dafür ein lineares oder nichtlineares Gleichungssystem. Die C besitzen je nach dem Näherungsgrad zur Berück-

---

[1]) Anlage und Diskussionsbeitrag zum Vortrag W. HEEG, V. MÜLLER: Numerisches Modell der Zweiphasenströmung Öl–Gas zur Berechnung des Speicherbetriebs in teilerschöpften Erdöllagerstätten und experimentelle Untersuchung zur Rücklösung Gas in Öl (Berg- und Hüttenmännischer Tag der Bergakademie Freiberg, 1973)

[2]) An dieser Stelle und an anderen, nicht besonders genannten, sei auf die angeführte Literatur verwiesen. Dieser Beitrag basiert auf registrierten Arbeiten des Autors aus den Jahren 1969 bis 1972.

Eingang des Manuskripts in der Redaktion: 10. 3. 1976.

sichtigung von Inhomogenität und Anisotropie unter Berücksichtigung der Unstetigkeit der Parameter an den Elementeflächen verschiedene Darstellungen.
Man kann zwei Lösungsverfahren für das Umkehrproblem verwenden. Wir benutzen dafür analog dem Grundproblem die Begriffe explizites und implizites Lösungsverfahren für das Umkehrproblem.
Prinzipiell erhält ein Element des Elementschemas zwei Unbekannte, die Durchlässigkeit und die Porosität. Ist die Durchlässigkeit anisotrop, so sind es vier Durchlässigkeiten und eine Porosität beim zweidimensionalen Strömungsraum. Grundsätzlich wird die Differenzengleichung an jedem Element zu soviel Zeiten aufgeschrieben, wieviel das Element (Differenzengleichung an diesem Element) Unbekannte enthält.
Beim expliziten Lösungsverfahren für das UPR wird das Gleichungssystem für die Parameter an jedem Element getrennt gelöst. Beim impliziten Lösungsverfahren für das UPR wird das Gleichungssystem für die Parameter für alle Elemente zusammen gelöst. Dann sind höchstens zwei (wegen der Anfangszeit drei) oder drei (bzw. vier) Zeiten erforderlich. Beim expliziten UPR ist eine bessere Anpassung an die Feldgeometrie möglich. Beim impliziten UPR sind numerische Vorteile zu erwarten. Zweckmäßig scheint auch ein Lösungsverfahren des Gleichungssystems mit einem Ausgleichsverfahren, wie es an anderer Stelle von mir erfolgreich verwendet wurde. Unabhängig davon können die Meßwerte durch ein Ausgleichspolynom geglättet werden. Die ebenfalls dabei verwendeten Polynomansätze unmittelbar für die C (Parameterkoeffizienten) könnten auch hier Verbesserungen bringen, Teil IV.

4. Ergebnisse

Die prinzipielle Lösbarkeit für den ein- und zweidimensionalen Fall konnte für das explizite UPR gezeigt werden (Lit.). Die Fehler betragen 3 bis 10%, teilweise 0,03% oder maximal 41%. Die Programmierung dazu erfolgte durch SCHEFFLER (eindimensional) und BÖTTCHER (zweidimensional). VEATCH & THOMAS (1971) lösten ebenfalls den zweidimensionalen Fall explizit. Wesentlich einschränkend wurden jedoch numerisch berechnete genaue Eingabewerte aus dem Grundproblem als Meßwerte sowohl von uns als auch von jenen verwendet. Für die prinzipielle Erprobung des Verfahrens war diese Verfahrensweise richtig. Die Verwendung von echten Meßwerten wird z. Z. bearbeitet. Diese Frage ist entscheidend wegen der außerordentlich schlechten Kondition der Matrizen des Gleichungssystems. Die Koeffizienten werden durch kleine Differenzen großer Zahlen der Meßwerte gebildet.
Später wurde das Verfahren (HEEG 1970) auf Fälle erweitert, bei denen der mittlere Elementdruck durch Messungen des Sohlenfließdrucks und des Sondenvolumenfließstroms ersetzt wird. Bei produzierenden Bohrungen oder Bohrungen mit großer Nachproduktion ist der mittlere Elementdruck nicht unmittelbar zu messen.
Es wäre zu untersuchen, ob eine Umformung von (1) mit Koeffizienten, in denen nur ein Absolutwert des gemessenen Drucks auftritt, ein verbessertes Lösungsverfahren ermöglicht.
Betrachten wir nun das Programmsystem LFGU (Tab.), in dem verschiedene Verfahren und Teilprogramme zusammengefaßt dargestellt sind. Das iterative UPR konvergierte in keiner Form, das direkte UPR ergab, wie erwähnt, obige Ergebnisse. Zur Zeit erfolgt eine Untersuchung

Tab.: Programmsystem LFGU

Bestimmung von hydrodynamischen Parametern aus hydrodynamischen Untersuchungsmethoden mit Auswerteverfahren auf digitalen Rechenautomaten, unmittelbare Benutzung der Differenzenschreibweise
Allgemeine Problemstellung

Grundproblem GPR 1

gegeben:	gesucht:
hydrodynamische Parameter, Hydroleitfähigkeit X (Durchlässigkeit K) und elastische Speicherkapazität Y (Porosität ⌀), Anfangs- und Randbedingungen, Differentialgleichung bzw. Differenzengleichung	Potentialverteilung $\Phi\ (x, t)$ (Druckverteilung $p\ (x, t)$) und unbekannte Randwerte, z. B. in Bohrungen oder äußeren Rändern (also Abbauverhalten)

Im Programm GPR Druck oder Volumenstrom vorzugeben, Bohrung und zusätzliche Quellsenkenbelegung an jedem Element

Umkehrproblem UPR 2

geg.: Pot.-Verteilung $\Phi\ (x, t)$, Anfangsbedingungen, Randbedingungen und Randwerte (Potential $\Phi\ (x_R, t)$, Volumenstrom $q\ (x_R, t)$ durch Messung
ges.: Parameter

2.1	2.2
direktes Umkehrproblem DUPR an jedem Element des Strömungsraums Drücke gegeben (z. B. 3 Zeiten), an mindestens 1 Element (Rand) Druck u. Volumenstrom gleichzeitig gegeben (z. B. 3 Zeiten)	iteratives Umkehrproblem IUPR nur an bestimmten Elementen Druck oder Volumenstrom gegeben, an mindestens einem Element Druck und Volumenstrom gleichzeitig gegeben. Annahme nullte Näherung X^0, Y^0 damit GPR, ergibt Druckfeld in nullter Näherung, mit UPR erste Näherung X^1, Y^1 usw.

Spezielle UPR

2.3	2.4
gleichzeitige Bestimmung von zwei Parametern, Hydroleitfähigkeit und elastische Speicherkapazität	Bestimmung von einem Parameter, wenn der andere gegeben ist, Endbuchstabe E, X oder Y

Unabhängige Teilprogramme des Programmsystems LFGU enthalten Problemteile:

Instationäre Strömung, kompressible Flüssigkeit, schwach elastischer inhomogener poröser Stoff, eindimensionaler Strömungsraum:

LFUS: 2.1 2.3 LFGS: 1 LFUE: 2.1 2.4
LFGUS: 1 2.1 2.2 2.3 LFGUE: 1 2.1 2.2 2.4
LFGUSM: LFGUS mit Elementezahl GPR ≠ UPR
LFGUEM: LFGUS mit Elementezahl GPR ≠ UPR

des expliziten und impliziten zweidimensionalen UPR. Ein Teil der berechneten Meßwerte wurde in den bisherigen Testbeispielen ungenau berechnet (nur vier Elemente) und führte zu Ergebnissen (6 bis 10% Fehler). Weiterhin wurden durch die numerisch berechneten und analytisch sehr genau berechneten Eingabewerte (Meßwerte) Ausgleichspolynome gelegt und die Ergebnisse (ausgeglichene Meßwerte) dem direkten UPR (eindimensional) eingegeben. Die Parameter wurden dabei mit einer mittleren Genauigkeit von 2 bis 10% bei maximalen Fehlern teilweise von 40% berechnet.

5. Schlußfolgerung

Unabhängig von diesen Problemen rechtfertigen die zu erwartenden Vorteile des direkten Verfahrens auf der Grundlage der Differenzengleichung das Risiko der weiteren Bearbeitung. Es ergaben sich folgende Vorteile:

1. Keine Unterbrechung der Produktion und

2. Verwendung der alten Produktionsgeschichte für Messungen. Dies kennzeichnet ein Verfahren des Umkehrproblems, das dem Grundproblem und der Datenübertragung UPR zum GPR angepaßt ist. Einheitliche Programmsysteme zwischen Abbau und Test, Vorausberechnung und Parameterkontrolle (GPR und UPR) aus der Versuchsproduktion und aus der Feldgeschichte sind zukünftig zu erarbeiten. Sie ermöglichen eine schnelle Entscheidungsfindung und eine kurzfristige systematische Kontrolle des Abbaus von Flüssigkeits- und Gaslagerstätten, insbesondere des Verhaltens von Untergrundspeichern wegen des hohen Spitzengrundlastverhältnisses, bei indirekten Gewinnungsmethoden (Lösen, Laugen), bei der Entwässerung in Braunkohlentagebauen und bei der Grundwasserströmung allgemein.

6. Bemerkungen nach Abschluß des Manuskripts

Bei der Abfassung der Arbeit HEEG (1970) und den vorliegenden Artikeln war uns der Beitrag KAMENSKI (1946) nicht bekannt. Er wurde es erst 1973. In ihm wird nach GEORGIEWSKI (1971) bereits 1946 das direkte Umkehrproblem für die indirekte Bestimmung eines Parameters, der Druckleitfähigkeit, für homogene poröse Stoffe vorgeschlagen. In meinem Beitrag (1970) und in nachfolgenden Arbeiten wird das direkte Umkehrproblem für 2 Parameter (Durchlässigkeit und Porosität) und für inhomogene poröse Stoffe vorgeschlagen. Die sogenannten direkten Lösungsverfahren der indirekten hydrodynamischen Untersuchungsmethoden werden auch in anderen Veröffentlichungen (Lit.) als nicht lösbar betrachtet. Das ist wegen der sogenannten inkorrekten Aufgabenstellung, die Koeffizienten der Gleichungssysteme für die Parameter werden aus örtlichen und zeitlichen Differenzen von Meßwerten gebildet, verständlich. Nach mehreren Fehlschlägen mit dem zweidimensionalen direkten expliziten und impliziten Verfahren sowie zeitlichen überbestimmten Gleichungssystemen konnte ein direktes Verfahren von HÄFNER & HEEG (1974, 1975) zum Erfolg geführt werden.
Für das direkte implizite Lösungsverfahren in der Form der Gleichung (1) dieses Artikels wurde der oben vorgeschlagene Polynomansatz (stetige Parameterverteilung) verwendet; örtlich überbestimmtes Gleichungssystem. Die Lösung ergab eindeutige Ergebnisse. Das direkte implizite Verfahren mit Polynomansatz wurde von HÄFNER (pers. Mitt. Dez. 1973) weiter durch eine zeitliche Integration für die praktische Anwendung wesentlich verbessert.
Von HÄFNER & HEEG (a. a. O.) wurde vorliegender Artikel und die darin enthaltenen Arbeiten nur im Sinne des nichtkonvergenten iterativen Umkehrproblems zitiert. Das direkte implizite Verfahren mit Polynomansatz und zeitlicher Integration hat sich in Feldanwendungen bewährt; die Kosten sind gering. Das explizite direkte Verfahren scheint z. Z. nur für lineare Strömungsräume einsetzbar. Die Programmierung auf der Grundlage vorliegender Modellbeschreibungen erfolgte durch SCHEFFLER, GIESEL und MEYER vom Brennstoffinstitut Freiberg und von BÖTTCHER, Karl-Marx-Universität Leipzig. Wegen der guten Anpassung an praktische Bedingungen und der zugelassenen unstetigen Parameterverteilungen ist eine weitere Bearbeitung zweckmäßig. Dafür müßten sich integrale Transformationen und erweiterte Differenzen-Gleichungen aus der Integraldarstellung eignen. Über die anderen Arten des Umkehrproblems wurde auf dem Berg- und Hüttenmännischen Tag vom 21. 5.—23. 5. 1975 ausführlich berichtet (gedruckt als Vortragsmaterial).
Die erwähnte Methode der Lösung des Gleichungssystems des Umkehrproblems mit einem alternierenden Verfahren scheint fraglich. Die unmittelbare Lösung des Gleichungssystems wäre geeigneter. Der Aufwand (Speicherkapazität, Rechengeschwindigkeit) kann auch beim Umkehrproblem durch die geordnete Elimination verringert werden.

Zusammenfassung

Der derzeitige Stand der numerischen Modelle der Grundaufgabe (Vorausberechnung der Strömung) erfordert ein Verfahren zur Lösung des Umkehrproblems (Parameterbestimmung), das keine Unterbrechung der Produktion benötigt, dem numerischen Modell der Grundaufgabe besser angepaßt ist und den umfangreichen Datentransport, Umkehrproblem zum Grundproblem, erleichert. Arbeiten zum expliziten und impliziten direkten Umkehrproblem zur Auswertung indirekter hydrodynamischer Untersuchungsmethoden werden klassifiziert und die Ergebnisse diskutiert. Vorschläge erfolgen, insbesondere zum impliziten direkten Umkehrproblem mit einem Polynomansatz und örtlich überbestimmtem Gleichungssystem gegenüber dem expliziten Verfahren mit zeitlich überbestimmtem Gleichungssystem.

Резюме

Нынешное состояние числовых моделей основной задачи (предварительное вычисление течения) требует способ для решения обратной проблемы (определение параметров), не потребляющий перерыв производства, лучше подходящий числовой модели основной задачи и облегчающий обширный транспорт данных обратной к основной проблемы. Классифицируются работы к явной и неявной прямым обратным проблемам для использования косвенных гидродинамических методов исследования и обсуждаются результаты. Дается предложения для дальнейшей обработки, особенно для явной прямой обратной проблемы с полиномным подходом и локально сверхопределенной системы уравнений по сравнению с неявным способом со временно сверхопределенной системой уравнений.

Summary

The present state of the numerical models for the basic problem (precalculation of the flow) needs a method for solving the problem of inversion (determination of parameters), which does not interrupt the production, is better adapted to the numerical model of the basic problem, and facilitates the comprehensive transport of data from the problem of inversion to the basic problem. Works on the explicit and implicit direct problem of inversal required for evaluating indirect hydrodynamic methods of investigation are classified and their results discussed. Proposals made for a further treatment are presented, in particular for the implicit direct problem of inversion with a polynomial statement and a locally overdetermined system of equations as against the explicit method with a chronologically over-determined system of equations.

Literatur

AINOLA, L. J.: K obratnoi sadatsche o sobstwennych kolebanijach uprugisch obolotschek. — Prik. i Techn., 2, 358—364, Moskau 1971.

BEIMS, U.; LUCKNER, L.: Methoden der digitalen Parameteridentifikation, Berg- und Hüttenmännischer Tag der Bergakademie Freiberg vom 21. 5. bis 23. 5. 1975. Vortrag des Kolloquiums 2: Umweltschutz durch Steuerung unterirdischer Strömungsvorgänge, Freiberg 1975.

BUSINOW, S. N.; IMRICHIN, Isledowanie plastow i sknachin pri uprugom reshime filtrazii. — Isdat. Nedra, Moskau 1964.

COATS, K. H.; DEMPSEY, J. R.; HENDERSON, H. H.: A new technique for determining reservoir description from field performance data. — Soc. Petrol. Eng. J., 10, 66—74, Dallas 1970.

DOLESCHALL, S.; FERENCZY, I.; ÖRI, V.: Szenhydrogentarolok ateresztökepesseg — eloszlasanik meghatarozasa hidrodinamikai szamitassal Köölaj es Fölgaz 9, 282—284 (1970).

GREEN, D. W. u. a.: Some recent advances in methods of oil and gas reserves estimates. — Preprint, 7th World Petroleum Congress, P. D. 8, Moskau 1971.

GEORGIEWSKI, V. B.: Unifizowanie algoritmy dlja opredelenija filtrazionych parametrach. — Isdat. Naukowa Dumka, Kiew 1971.

HÄFNER, F.; HEEG, W.: Indirekte hydrodynamische Erkundung geologischer Strukturen-Lösungsmöglichkeiten des hydrodynamischen Umkehrproblems (Teil I). — Neue Bergbautechn. 4, 695—698, Leipzig 1974.

— Indirekte hydrodynamische Erkundung geologischer Strukturen-Lösungsmöglichkeiten des hydrodynamischen Umkehrproblems. (Teil II). — Neue Bergbautechn., Leipzig 1975.

HEEG, W.: Entwicklungstendenzen in der Reservoirmechanik auf der Grundlage genauerer Modelle der Strömungsmechanik in porösen Stoffen und Lösung mit digitalen Rechenautomaten. — Vortrag, gehalten auf dem XXI. Berg- und Hüttenmänn. Tag der Bergakademie Freiberg 1. bis 3. 4. 1970, Freiberg 1970.

HEEG, W.; HÄFNER, F.: Indirekte Parameterbestimmung durch Lösung des hydrodynamischen Umkehrproblems. Berg- und Hüttenmännischer Tag der BA Freiberg vom 21. 5. bis 23. 5. 1975, Vorträge des Kolloquiums 2: Umweltschutz durch Steuerung unterirdischer Strömungsvorgänge, Freiberg 1975.

JACUARD, P.: Théorie de l'interprétation des mesures de préssion. — FIP revue de'l Institut Franç. Pétr. et annales des combustibles liquides, 3, 297—334, Paris 1964.

JACQUARD, P.; JAIN, C.: Permeability distrubution from field pressure data. – Soc. Petrol. Eng. J., 5, 4, 281–294, Dallas 1965.

JAHNS, H. O.: A rapid method for obtaining a two-dimensional reservoir description from well pressure response data. – Soc. Petrol. Eng. J., 6, 4, 315–327, Dallas 1966.

KAMENSKI, G. H.: Instrukaja po isledovanii i wodoprowodimosti gornych porod metodom opytnych magnetani. Gosgeolisdat, Moskau 1946.

KENT, T. R.; HELLUMS, L. J.; REHEIS, G. M.: A nonlinear automatic history matching technique for reservoir simulation models. – Soc. Petr. Eng. V. 3475 46th Annual Fall Meeting of Soc. Petr. Eng. in New Orleans 1971, Dallas 1971.

MATTHEUS, C. S.; RUSSEL, D. G.: Pressure build-up and flow tests in wells. – Soc. Petr. Eng. of AIME, 1, New York 1967.

NELSON, R. W.: In-place determination of permeability distribution for heterogeneous porous media through analysis of energy dissipation. – Soc. Petrol. Eng. J., 8, 1, 33–42, Dallas 1968.

PEACEMAN, D. W.: Fundamentals of reservoir simulation Notes for NATO Symposium on Simulation of Hydrocarbon Reservoirs. – Milan, Italy 1969.

QUAST, J.; LUCKNER, L.: Beitrag zur indirekten hydrogeologischen Erkundung durch Simulation des Grundwasserströmungsfeldes. – Wasserwirtsch.-Wassertechn., 10, 348, Berlin 1971.

QUAST, J.: Beitrag zur indirekten Parameterquantifizierung verarbeitungsadäquater geohydraulischer Modelle durch Analyse der Grundwasserdynamik, Dissertation A, TU Dresden, Dresden 1973.

ROMANOWA, W. M.: Kombinirowannie metodi resenija parametritscheski slutschianych kraewych zadatch podsemnoi gidroinamiki. – Neft i Gas, 5, 63–66, Moskau 1970.

– Opredelenie polja dawlenija pri lokalno sadannych neodnorodnych poljach parametrow plasta. – Neft i Gas, 9, 66–70, Moskau 1971.

SLATER, G. E.; DURRER, E. J.: Adjustment of reservoir simulation models to match field performance. – Soc. Petr. Eng. J. (Preprint 2983), Dallas 1970.

VEATCH, R. W.: A direct method for computing reservoir permeabilities and porosities from performance history. – Dissertation der Univ. Tulsa, Tulsa 1971.

Buchbesprechungen

BAUMANN, L.; TISCHENDORF, G.

Einführung in die Metallogenie-Minerogenie

Leipzig: Deutscher Verlag für Grundstoffindustrie 1976. 458 S., 100 Abb., 36 Tab., 384 Lit., 3 Beil. i. Anh.

Bei der Bewertung des vorliegenden Buches ist zu berücksichtigen, daß sich die Metallogenie-Minerogenie in den letzten Jahren zu einer eigenständigen Wissenschaft entwickelt hat. Die von den Autoren an den Anfang gestellte Definition „Minerogenie ist die Wissenschaft von den Gesetzmäßigkeiten der Herkunft, Bildung und Verteilung natürlicher Rohstoffe in Raum und Zeit" entspricht weitgehend der Vorstellung der in diesem Forschungszweig tätigen Wissenschaftler.
Das Buch ist vor allem dadurch wertvoll, als es, nachdem nun Metallogenie-Minerogenie an Hochschulen gelehrt wird, das erste zusammenfassende Lehrbuch ist, das vorgelegt wird. In diesem Sinn wurde eine Lücke geschlossen und ein Beispiel geschaffen. Deshalb ist zu erwarten, daß das Werk über die Grenzen der DDR hinaus Interesse finden wird.
In ihm werden gemäß der eingangs genannten Definition die wichtigsten Aspekte folgerichtig abgehandelt. Am Anfang stehen die geologisch-tektonischen Faktoren. Danach werden die stofflich-geochemischen abgehandelt. Der Einfluß der Zeit als metallogenetischer Faktor, als gerichtete Komponente der Erdenentwicklung, schließt sich an. Hinsichtlich geotektonischer Faktoren haben die Autoren versucht zu berücksichtigen, daß auf dem Gebiet der Tektonik in den letzten Jahren eine stürmische Entwicklung eingesetzt hat, die ihren Ausdruck in vielen neuen Erkenntnissen und Vorstellungen findet.
Wenngleich in Systematik, Vollständigkeit und Bedeutung manche Vorbehalte offenbleiben, muß insgesamt hervorgehoben werden, daß eine moderne Tektonik angeboten wird. Es ist hervorzuheben, daß die neue Globaltektonik, die sich noch im Stadium der Klärung befindet, gesondert dargestellt wird. In gleicher Form hätten auch die Aktivierungstektonik und die Blocktektonik behandelt werden können. Die magmatischen, alle substantiellen und geochemischen Faktoren haben eine gute Darstellung erfahren. Beachtenswert ist auch der Abschnitt über die minerogenetischen Entwicklungstypen, der im wesentlichsten die Auffassungen von W. I. SMIRNOW wiedergibt. Ein spezieller Teil ist der metallogenetisch-minerogenetischen Analyse gewidmet. Er ist relativ kurz. In ihm werden wertvolle Anregungen für die Durchführung metallogenetisch-minerogenetischer Untersuchungen gegeben. Es wäre jedoch zweckmäßig, einzelne methodische Schritte in einer Tabelle zusammenzufassen.
Der Abschnitt über die Methodik der minerogenetischen Analysen und die Anfertigung minerogenetischer Karten ist m. E. hinter dem sonst anspruchsvollen Niveau des Buches zurückgeblieben. Es wäre nützlich gewesen, eingehender aufzuzeigen, wie metallogenetische Karten unter speziellen Gesichtspunkten erarbeitet werden. Hier wäre es auch möglich gewesen, die schon überschaubare künftige Richtung umfassender zu diskutieren. Bei einer nächsten Auflage sollte dieser Abschnitt erweitert werden. Der zweite Teil des Buches ist der regionalen und speziellen Metallogenie gewidmet. Erstere wird folgerichtig entwickelt, begonnen bei der Erde in ihrer Gesamtheit, über einen Kontinent (mit Beispielen aus der UdSSR) bis hin zu einem einzelnen Land (am Beispiel der DDR).
Analog sind gleichfalls die Abschnitte zur speziellen Minerogenie zu sehen, die vorwiegend am Beispiel Mitteleuropas und der DDR abgehandelt werden. Eine wertvolle Ergänzung ist durch die Einbeziehung der Minerogenie flüssiger und gasförmiger Rohstoffe gegeben. Gewissermaßen zur Abrundung wurden allgemeine Grundsätze der Lagerstättenprognose angefügt.
Der Leser sollte diesen Abschnitt als Darlegung der allgemeinen Grundsätze werten. Es bleibt künftigen Aktivitäten vorbehalten, auch ein Lehrbuch der Lagerstättenprognose zu schreiben.
Zusammenfassend kann festgestellt werden, daß mit diesem Buch erstmals ein Lehrbuch der Metallogenie-Minerogenie geschaffen wurde. Gewiß konnten nicht alle metallogenetischen Ansichten gleichermaßen ausführlich berücksichtigt werden, aber eine solche Aufgabe konnte von den Autoren auch nicht kurzfristig gelöst werden.
Das Buch wird weitreichende Anerkennung und einen breiten Interessentenkreis finden.
Es ist mehr als ein Lehrbuch und wird gewiß auch von Fachleuten als Nachschlagewerk genutzt. Das umfangreiche Literatur- und Stichwortverzeichnis wird wesentlich dazu beitragen.

S. LÄCHELT

Autorenkollektiv

Internationaler Geologenkongreß. XXV. Session. Vorträge sowjetischer Geologen. Geologische Information und mathematische Geologie.

(Akademie der Wissenschaften der UdSSR, Ministerium für Geologie der UdSSR, Nationales Komitee der Geologen der UdSSR). Moskau: „Nedra" 1976, 164 S., zahlr. Abb., Rbl. 1,04

Diese Monographie auf dem Gebiet der mathematischen Geologie und der geologischen Informatik enthält Vorträge, die von sowjetischen Geologen zur XXV. Session des Internationalen Geologenkongresses eingereicht wurden. Die Mannigfaltigkeit der Thematik und die Vielzahl der Autoren zeugen von der Breite, mit der Mathematik und EDV in der geowissenschaftlichen Forschung in der UdSSR eingesetzt werden, ohne daß der Band Anspruch darauf erhebt, einen repräsentativen Überblick der Gesamtproblematik der mathematischen Geologie in der UdSSR zu geben. Das Buch vermittelt Geologen, Mathematikern und Mitarbeitern der EDV Anregungen für die eigene Arbeit, neues Wissen über theoretische Probleme und Beispiele für praktische Anwendungsgebiete der Mathematik und EDV in der Geologie.
Die Thematik der Vorträge kann in vier Hauptrichtungen der gegenwärtigen Forschung auf dem Gebiet der mathematischen Geologie untergliedert werden, die selbständige Teile der Monographie bilden. Im ersten Teil werden Probleme der Strategie der Suche und Erkundung von Lagerstätten mineralischer Rohstoffe behandelt, wobei den Fragen der Prognose und optimalen Planung der Arbeiten die Hauptaufmerksamkeit gewidmet ist.
Der zweite Teil ist speziellen Problemen der Anwendung stochastischer Prozesse zur Lösung konkreter geologischer Aufgaben gewidmet. Die Arbeit mit stochastischen Modellen in der Geologie ist darin begründet, daß die Mehrzahl der geologischen Situationen durch das Auftreten zufälliger Größen in Abhängigkeit von nicht zufälligen wie Raum und Zeit charakterisiert werden kann. Mit Hilfe von MARKOWschen Prozessen läßt sich beispielsweise ein Modell der Formation stratigraphischer Folgen beschreiben.
Im Teil 3 werden theoretische und praktische Probleme des Aufbaus, der Struktur und der Anwendung automatisierter Systeme der Erfassung, Speicherung und Verarbeitung von Fakten- und Dokumentendaten ausführlich behandelt. Der vierte Teil schließlich beinhaltet spezielle Ausarbeitungen, die außerhalb der in den anderen Teilen behandelten Thematik liegen. Die Monographie ist einem großen Kreis von Mitarbeitern der geowissenschaftlichen Forschung und Praxis nachdrücklich zu empfehlen.

P. STRAACH

ALBOW, M. N.

Bemusterung von Lagerstätten mineralischer Rohstoffe

Moskau: Verlag Nedra, 1975. 231 S., 74 Abb., 51 Tab., 111 Lit., Rbl. 0,71

Dieses 1975 im Moskauer Verlag „Nedra" erschienene Buch ist bereits die 5. Auflage eines bewährten, in der UdSSR offiziell zugelassenen Hochschullehrbuchs. Im ersten Teil kommen Grundlagen der Bemusterung zur Behandlung: theoretische Untersuchungen zur Repräsentanz der Probenahme, Anwendung mathematisch-statistischer Methoden und die Bestimmung physikalischer und bergtechnischer Parameter von Erzen und Gesteinen.

Im zweiten Teil wird in praxisorientierter Form die Bemusterung von mineralischen Rohstoffen im geologischen Erkundungsprozeß dargelegt. Dabei reicht der Problemkreis des zweiten Teils von der Bemusterung natürlicher Lagerstättenaufschlüsse über die Probenahme bei der Untersuchung mechanisch und geochemisch entstandener Dispersionshöfe (Schwermineralanalyse, Metallometrie), die Bemusterung von Schürfen und Bohrungen unter Berücksichtigung unterschiedlicher Bohrverfahren und Methoden der Probenahme bei der Erkundung von Kohle-, Erdöl- und Salzlagerstätten bis zur Bemusterung von Baumaterial und Gesteinen bei ingenieurgeologischen Untersuchungen.

Im dritten Teil erfolgt die Behandlung der Bemusterung beim Abbau von Lagerstätten mineralischer Rohstoffe. Es werden spezifische Probleme der Probenahme beim Abbau von Seifenlagerstätten, bei der Tagebaugewinnung von Kohle, Asbest, Eisen-, Kupfer- und Molybdänerzen und bei der untertägigen Gewinnung von Erzen (Gang- und Lagervererzungen) erörtert. Außerdem geht der Autor auf die Probenahme an umgelagerten Fördermassen ein und gibt im letzten Kap. Hinweise über den Umgang mit Bemusterungsunterlagen. Der kurzgehaltene Text wird durch Tab. und Abb. instruktiv ergänzt. Für eine weitere Neuauflage sollte man noch mehr schematisierte Prinzipskizzen verwenden, die dem Charakter des Buchs besser entsprächen.

Durch den übersichtlichen Aufbau und die sachliche, praxisbetonte Darstellung des umfangreichen Stoffs könnte eine Einführung auch bei uns im Rahmen der erkundungsgeologischen Fach- und Hochschulausbildung in Erwägung gezogen werden. Als Leitfaden der Bemusterung wird es allen in der Erkundung tätigen Geowissenschaftlern, Bergingenieuren, Ökonomen und Technikern von Nutzen sein.

U. Görne

Minc, A. A.

Die ökonomische Bewertung der Naturressourcen

Gotha, Leipzig: VEB Hermann Haack/Geologisch-Kartographische Anstalt 1976. 255 S., M 53,40

Minc unterscheidet „Naturressourcen" von „Naturbedingungen" und definiert die ersten als Körper und Kräfte der Natur, die auf dem jeweils erreichten Entwicklungsniveau der Produktivkräfte in der materiellen Produktion unmittelbar zur Bedürfnisbefriedigung der Gesellschaft genutzt werden können. Dieses erreichte Entwicklungsniveau bestimmt auch historisch das Sortiment der genutzten Naturressourcen in seiner stofflichen Zusammensetzung. Der Inhalt ökonomischer Bewertungen von Naturressourcen wird vom Verf. als Bestimmung des Einflusses der unterschiedlichen Eigenschaften der Naturressourcen auf die Produktivität der gesellschaftlichen Arbeit definiert. Die aus marxistischer Sicht einzig mögliche „Ursache für die Wertbildung für Naturressourcen", nämlich die Arbeitsaufwendungen für die Vorbereitungen zu ihrer Nutzung, hält Verf. für „einseitig und unzureichend, weil sie die territorial differenzierten Eigenschaften der Ressourcen nicht aufdeckt", die einen bedeutenden Einfluß auf die Arbeitsproduktivität und folglich auf die Effektivität der Produktion ausüben. Obwohl gegenwärtig auch in der UdSSR noch wesentliche Meinungsverschiedenheiten hinsichtlich der allgemeinen methodologischen Grundlagen und konkreten methodischen Zugängen bestehen, kann in Übereinstimmung mit dem Verf. festgestellt werden:

a) Die theoretische Möglichkeit und praktische Notwendigkeit der ökonomischen Bewertung von Naturressourcen im sozialistischen Wirtschaftssystem stehen außer Zweifel.

b) Es ist unbedingt notwendig, den Einfluß der Naturressourcen auf die Produktivität der gesellschaftlichen Arbeit in ökonomischen Kennziffern auszudrücken.

c) Es ist ferner notwendig, neben der Produktivität der Naturressourcen die erforderlichen Aufwendungen zu berechnen, die mit ihrer Nutzung — und wo möglich: mit ihrer Reproduktion — verbunden sind.

Insgesamt kann die vorgelegte Arbeit allen empfohlen werden, die sich mit der Wechselwirkung von Natur und Gesellschaft insbesondere aus der Sicht der Volkswirtschaftsplanung beschäftigen.

F. Stammberger

Putzer, H.

Metallogenetische Provinzen in Südamerika

Stuttgart: E. Schweizerbart'sche Verlagsbuchhandlung 1976. 316 S., mit 44 Abb. im Text und 3 Tab. auf einer Beilage, DM 114,—

Bei der steigenden Menge an lagerstättenbezogenen Veröffentlichungen haben zusammenfassende Darstellungen über große metallogenetische Einheiten oder über Kontinente ihre besondere Bedeutung. Dabei wird nicht erwartet, über Einzelheiten unterrichtet zu werden, sondern die gegenseitigen Beziehungen der Lagerstätten untereinander und ihre Beziehungen zum geologischen Rahmen, zur geotektonischen und formationellen Entwicklung zu erfahren. Diese Aufgabe ist — weil manche derartigen Beziehungen noch ungenügend bekannt sind — nicht einfach zu erfüllen. In dieser Beziehung bleibt der Autor dem Leser auch einiges schuldig. Dennoch kann bestätigt werden, daß das Buch eine Fülle von Fakten und Daten in sich birgt, die uns die metallogenetischen, häufig „nur" die lagerstättenkundlichen Besonderheiten des südamerikanischen Subkontinents ziemlich geschlossen aufzeigt.

Die Metallogenie wird konsequenterweise nach den geotektonischen Einheiten, die Südamerika aufbauen, behandelt: Ostbrasilianischer Schild, Zentralbrasilianischer Schild, Guayanaschild, die Nesokratone im Südteil des Subkontinents (Massiv der Pampinen Sierren, Patagonisches Massiv, Deseadomassiv) sowie Andines Orogen. In jeder der genannten geotektonischen Einheiten (mit Ausnahme der Nesokratone) sind Erzakkumulationen unikaler Art entwickelt. Schon aus diesem Grund ist es äußerst wichtig, Informationen zu erhalten, wie die Bearbeiter gegenwärtig die Gesetzmäßigkeiten, deren Bildung und Verteilung einschätzen, und durch welche geologisch-tektonischen Faktoren sie kontrolliert werden. An bedeutenden Lagerstättenprovinzen seien genannt: 1. Ostbrasilianischer Schild: die komplexe Eisen—Mangan—Uran—Gold—Diamant-Assoziation vom Minas Gerais und Bahia; die Zinn—Wolfram-Assoziation (Rio Grande-Borborema); die polymetallische Alkaliprovinz der Umrandung des Paranabeckens mit Uran, Pyrochlor, Apatit; 2. Zentralbrasilianischer Schild: die Ultrabasitprovinz Araguaia-Tocantins mit Nickel, Chrom, Titan; die Zinnsteinprovinz Rondonia; die Diamantprovinz des Guaporékratons; 3. Guayana-Schild: die Eisen-, Mangan-, Gold- und Diamant-Assoziationen; 4. Andines Orogen: die andine Kupferprovinz (Chuquicamata, El Teniente); der bolivianische Zinngürtel (Oruro, Llallagua, Potosi); die polymetallischen Provinzen der Zentral- und der Nordanden; der Goldgürtel der Anden. Dem Werk ist ein umfangreiches Literaturverzeichnis sowie ein Orts- und Sachregister beigegeben. Dies gibt die Möglichkeit zum schnellen Auffinden der Originalliteratur und erleichtert die Handhabung der dargebotenen Daten wesentlich.

G. Tischendorf

Nicolas, A.; Poirier, J. P.

Crystalline Plasticity and Solid State Flow in Metamorphic Rocks

London, New York, Sydney, Toronto: John Wiley & Sons 1976. 444 S., zahlr. Abb., US $ 40,—

In den letzten Jahren hat sich die Strukturgeologie besonders in zwei Richtungen entwickelt: einmal hinsichtlich der kinematischen Analyse im Sinn der Kontinuumsmechanik, zum anderen hinsichtlich experimenteller P-T-Untersuchungen von Fließvorgängen in Mineralen und Gesteinen. Den erreichten Stand und die kombinierte Anwendung auf die Deformationsanalyse haben die Autoren im vorliegenden Buch zusammengefaßt.

Zunächst werden Gitterdefekte, Grundlagen des plastischen Fließens und damit der Interpretation der Fließvorgänge in Metamorphiten erläutert. Ein Kapitel über Fließen und Temperungsvorgänge in Kristallen allgemein behandelt charakteristische Versetzungsstrukturen, Vorgänge des Hochtemperaturfließens, die stress- und die strain-induzierte Rekristallisation. Das Kambsche Modell der spannungsinduzierten Rekristallisation als Erklärung metamorpher Gefüge wird als nicht zutreffend abgelehnt.

Der Ablauf der plastischen Deformation wird konkret an den wichtigsten gesteinsbildenden Mineralen dargestellt, besonders an Olivin, Enstatit, Glimmer, Quarz, Karbonaten, Halit. Ein Kapitel ist dem Problem der Entwicklung flächiger Gefüge in Laborversuchen gewidmet, einschließlich eines Simulationsmodells für plastisches Fließen.

Die Anwendung der Grundlagenerkenntnisse auf die kinematische Interpretation von Strukturen, Texturen und bevorzugten Richtungen in Gesteinen wird vor allem an Peridotiten (meist aus den Westalpen) demonstriert. Einige Überlegungen betreffen das Fließen in der Asthenosphäre. Ein zu kurzes Schlußkapitel enthält Vermutungen über die Fließinterpretation einiger Gefüge; für die Schieferung kann offenbar immer noch keine eindeutige kinematische Interpretation gegeben werden.

Weil die immer konkreter werdenden Kenntnisse über metamorphe Fließvorgänge das Spektrum der Hypothesen über Bewegungsabläufe in Kruste und Mantel einengen, verdient das Buch einen weiten Interessentenkreis.

P. Bankwitz

BARTHEL, M. (mit Beiträgen von V. GÖTZELT und G. URBAN)

Die Rotliegendflora Sachsens

Dresden: Verlag Theodor Steinkopff 1976. Abhandlungen des Staatlichen Museums für Mineralogie und Geologie zu Dresden, Bd. **24**, 190 S., 48 Taf., 19 Abb., M 30,—

Dieser Band steht am Anfang einer auf lange Sicht geplanten Erforschung der Landpflanzengesellschaften in den Stefan- und Autun-Vorkommen der DDR. Behandelt werden das Döhlener Becken, das „Becken" von Weißig, das Nordsächsische Vulkanitbecken und das Erzgebirgische Becken. Ausgehend von einer Zusammenstellung aller nachgewiesenen Taxa sind Florenlisten für die einzelnen Becken und lithostratigraphischen Einheiten zusammengestellt. An die morphologisch-taxonomische Beschreibung der Florenelemente schließen pflanzensoziologische und synökologische Aussagen sowie Ausführungen zur Biostratigraphie und Pflanzengeographie an.
Mit dieser Abhandlung wurde begonnen, eine lange bestehende Lücke in der Erforschung der jungpaläozoischen Kontinentalablagerungen Mitteleuropas zu schließen. Bleibt zu hoffen, daß die Bearbeitung der übrigen Vorkommen rasch voranschreitet und uns in absehbarer Zeit eine Synthese vorliegt.

G. KATZUNG

Autorenkollektiv (MERRIAM, D. F. Hrsg.)

Proceedings of the Fourth Geochautauqua on CAI in Geology at Syracuse University on 8 November 1975

Oxford, New York, Paris, Frankfurt: Pergamon Press 1976. Computers & Geosciences. Vol. **2**, Num. 1. 122 S.

Mit der Herausgabe der internationalen Fachzeitschrift „Computers & Geosciences" durch D. F. MERRIAM ist eine kurzfristige Information über mathematische Modelle und EDV-Programme zur Lösung geowissenschaftlicher Aufgabenstellungen beabsichtigt. Das Spektrum umfaßt u. a. die Gebiete der Geologie, der Geochemie, der Geophysik, der Ozeanographie, der Geographie, der Ingenieur- und der angewandten Geologie. Die Zeitschrift soll sowohl dem Geowissenschaftler als auch dem auf diesem Sektor tätigen EDV-Spezialisten dienen. Demzufolge werden Informationen über EDV-Programme, Algorithmen, Programmiersprachen und Anwendungskomplexe gegeben sowie die Arbeit des Geowissenschaftlers mit die EDV betreffenden Fragen diskutiert. Es wird die Möglichkeit geboten, von der Datenerfassung angefangen bis hin zum Aufbau von Informations- und Datenbanksystemen, alle mit dem Einsatz der EDV in den Geowissenschaften zusammenhängenden fachlichen, organisatorischen und die Kaderqualifizierung berührenden Probleme zu behandeln.
Das vorliegende Heft der Zeitschrift „Computers & Geosciences" enthält eine Auswahl von Beiträgen der 4. Sommerschule über „CAI (Computer-assisted instruction) in der Geologie". Die seit 1972 regelmäßig jährlich von der Syracuse-Universität zusammen mit der International Association for Mathematical Geology durchgeführte Veranstaltungsreihe widmete sich zuvor Fragen der Quantifizierung in der Geologie, der geologischen Datenanalyse mittels EDVA und der Bearbeitung von Mineralressourcen.
Im vorliegenden Heft werden einige demonstrative Beispiele der Ausbildung von Geologiestudenten durch den Einsatz von CAI-Methoden dargeboten. Mit Hilfe von Time-Sharing-Betriebssystemen und interaktiven Displays werden verschiedene auf Programmlisten dokumentierte Algorithmen diskutiert. Die EDVA wird dabei als Lehrer und als Simulator für geowissenschaftliche Experimente eingesetzt. So werden u. a. Wechsel in den Sedimentationsbedingungen bei der Bildung sedimentärer Schichtung, Metamorphose von Sedimentgesteinen, erdölgeologische und geophysikalische Fragestellungen simuliert.

H. KNAPE

Informationen

Erdölförderung 1976 im Mittleren Osten

In den Ländern des Mittleren Ostens hat die Erdölförderung 1976 folgenden Stand erreicht (in Klammern die Zahlen des Vorjahrs)

Mittlerer Osten insgesamt	1085,6	(968,9)
Saudi-Arabien	428,7	(352,0)
Iran	293,9	(266,7)
Irak	104,4	(110,1)
Kuweit	108,0	(104,8)
Abu Dhabi	76,7	(67,3)
Katar	22,9	(20,8)
Oman	18,1	(16,8)
Dubai	15,8	(12,7)
Syrische AR	9,8	(9,6)
Türkei	2,8	(3,1)
Bahrein	2,8	(3,0)

Um die Erweiterung der Erdölbasis von Libyen

In Libyen sind große Pläne zu einer Erweiterung der Erdölbasis angelaufen. Als Gebiete von besonderem Interesse für geologische Sucharbeiten gelten der westliche Teil des Landes, Tripolitanien, und das Gebiet des Festlandssockels in unmittelbarer Nähe des tunesischen Küstenbereichs. Aber auch in anderen Gegenden werden derzeit bereits Sucharbeiten durchgeführt. Dazu zählen die wenig erforschten Wüstengebiete im S Libyens. Neue Lagerstätten sind bereits im ostlibyschen Erdölbecken entdeckt worden.

Kohlentagebaue von Kansk-Atschinsk

Mit dem Ausbau der BAM (Baikal-Amur-Magistrale) wird auch der Abbau der nahegelegenen Kohlenlagerstätten von Kansk-Atschinsk zügig in Angriff genommen werden können. Sie sind schon aus der Zeit der Vorbereitung der Transsibirischen Eisenbahn bekannt. Der Geologe LOPATIN entdeckte dabei im Gebiet des Flusses Tschulym Braunkohle. Eine zuverlässige Schätzung der Lagerstätten im Becken von Kansk-Atschinsk konnte jedoch erst 1968 vorgenommen werden. Das Becken enthält 24 Lagerstätten. Die wichtigsten unter diesen sind: Berjosowskoje, Bogotol, Aban, Nasarowo, Itat, Barandat, Borodino und Urjup. Die Kohlevorräte im gesamten Becken von Kansk-Atschinsk, die im Tagebau gefördert werden können, belaufen sich auf 140 Mrd. t. Mehr als 60% entfallen auf die Region Krasnojarsk.

Kohlen in der SR Rumänien

Das bedeutendste Kohlenrevier der SR Rumänien ist das von Petrosani am Oberlauf des Jiu. Es hat eine Erstreckung von 45mal 3···10 km. Die Kohlengewinnung begann in der Grube von Dîlja schon um 1840. Aber erst nach dem ersten Weltkrieg kann von einer industriellen Produktion gesprochen werden, die nach dem zweiten Weltkrieg mit der Einführung moderner Abbaumethoden einen beachtlichen Aufschwung erlebte. Die Kohlen sind von unterschiedlicher Qualität. Im W des Beckens, und zwar in den Zechen Lupeni, Uricani und Vulcan, werden hochwertige Kohlen gefördert, die verkokbar sind. Die Zechen Lonea und Aninoasa liefern Rohkohlen für energetische Zwecke. Die nach 1944 einsetzende Modernisierung und Eröffnung der neuen Gruben von Dîlja, Paroseni und Bărbăteni ermöglichten im Jahr 1975 eine Produktion von 7,2 Mill. t. Zur Zeit ist etwa die Hälfte der im Jiutal geförderten Kohle Kokskohle, die die Grundlage für die kokschemische Industrie des Landes darstellt. Abbau und Transport sind heute weitgehend automatisiert und mechanisiert. Zieht man die im oberen Jiutal geförderte Braunkohle im Revier Brad hinzu, so erhöht sich noch die bergwirtschaftliche Bedeutung des Bezirks von Hunedora, der etwa 30% der Kohle und 65% des Kokses von ganz Rumänien liefert.

Titan und Vanadium in der SFR Jugoslawien

Im Jastrebac-Gebirge, SFR Jugoslawien, in der Nähe der südserbischen Stadt Prokuplje, ist eine Titan-Vanadiumlagerstätte entdeckt worden. Nach bisher vorliegenden Meldungen werden die Vorräte auf 2 Mill. t Titanoxid und 50000 t Vanadium geschätzt. Der durchschnittliche Titangehalt wird mit 5% angegeben, der Vanadiumgehalt mit 0,5%. Bisher hielt man das Vorhandensein abbauwürdiger Lagerstätten dieser Art in der SFR Jugoslawien für unmöglich. Allerdings sind bisher nur etwa 20% des Landes geologisch erforscht.

Tunesische Phosphatindustrie

Tunesien will beträchtliche Geldmittel zum Aufbau und Ausbau seiner Bergbauindustrie zur Verfügung stellen. Dies betrifft in erster Linie die Phosphatlagerstätten. 1970 konnte dieses Land rund 3 Mill. t Phosphate auf den Weltmarkt bringen. 1974 waren es bereits 4 Mill. t. Die Steigerung der Produktion innerhalb des jetzt laufenden Vierjahresplans sicht eine beträchtliche Erweiterung vor.
Im Vergleich zu Marokko, das 1972 etwa 16,6 Mill. t und 1974 ca. 20,5 Mill. t produzierte und um die Wende 1977/78 24 Mill. t erreichen will, bleibt die tunesische Produktion jedoch recht beschränkt.

Förderung im australischen Bergbau

Nachstehende Tabelle gibt einen Überblick über die Förderung im australischen Bergbau im Jahre 1975/76 (in 1000 t)

Kupfer	217,6
Blei	390,9
Zink	467,6
Zinn	9,1
Eisenerz und -konzentrat	92672,0
Manganerz	1410,0
Wolframkonzentrat	2,3
Steinkohle	69344,0
Erdöl (in 1000 m³)	23891,0

Kurznachrichten

Das **Erdgasrevier** von **Urengoi**, im hohen Norden der Sowjetunion gelegen, ist das größte der Welt. Das Abteufen der Produktionsbohrungen ist so planvoll vonstatten gegangen, daß 1978 das erste Erdgas gefördert werden wird. Die Endkapazität dieser Lagerstätte ist mit 200 Mrd. m³/a geplant.

Nach einem Bericht der ungarischen Nachrichtenagentur MPI sind in der Umgebung von Ferencsalcs, im Gebiet von Szeged, in der **Ungarischen VR** neue **Erdöl- und Erdgaslagerstätten** entdeckt worden. Die künftige Förderleistung dieser Reviere wird mit 100000 t Erdöl und 1 Mill. m³ Erdgas pro Tag angegeben.

Nach neuesten Angaben verfügt die **Türkei** über insgesamt 5,6 Mrd. t **Lignitvorräte**. Davon werden 315 Mill. t wegen ihres zu niedrigen Kaloriengehalts als für die Gewinnung unrentabel bezeichnet. Im übrigen wird die Lignitproduktion bis 1981 auf 45 Mill. t/a gesteigert werden.

Die **Türkei** will ihre **Chromproduktion**, vor allem aus den Lagerstätten des westlichen Teils des Landes steigern. 1969 betrug sie noch 600000 t/a; 1990 sollen etwa 2 Mill. t/a erbracht werden. Die Türkei ist nach der Sowjetunion und Südafrika der drittgrößte Chromproduzent der Welt.

Im **indischen** Unionsstaat Madhya Pradesh wurde eine neue **Kupferlagerstätte** mit Vorräten von 58 Mill. t und einem Gehalt von 1,3% Cu entdeckt. Die Lagerstätte wird als eine der bedeutendsten in Indien bezeichnet.

Bei Gorenja Vas, in der **SFR Jugoslawien** (Slowenien), sind **Uranerze** entdeckt worden, deren Vorräte auf 1,8 Mill. t Uranerz geschätzt werden. Mit ihrem Abbau wurde begonnen. Mit dem Uran wird ein landeseigenes Atomkraftwerk beliefert, das bei Krsko an der Save erbaut wird.

Eine neue **Karte magnetischer Anomalien** und eine seismische Karte über das Territorium der **Mongolischen VR** ist fertiggestellt worden. Durch diese Gemeinschaftsarbeit von RGW-Wissenschaftlern kann die lagerstättengeologische Untersuchung dieses rohstoffreichen Landes zügig fortgesetzt werden.

Das **sowjetische Forschungsschiff** „Akademik Kurtschatow" hat auf seiner Expeditionsfahrt zwischen Mexiko und der Antarktis im Pazifischen Ozean ein unbekanntes **Tiefseegrabensystem** entdeckt. Bodenproben, die über den Zustand der tiefen Erdkruste Auskunft geben, wurden entnommen.

US-amerikanische, schweizer und dänische Wissenschaftler wollen demnächst gemeinsam das **Inlandeis von Grönland** durchbohren und dort geothermische, geomechanische und geochemische Untersuchungen durchführen. Die Ergebnisse sollen zu einer Klärung der Verhältnisse in den letzten 500000 Jahren führen.

Bezugsmöglichkeiten der „Zeitschrift für angewandte Geologie"
Bestellungen sind zu richten
– **in der DDR** an den Postzeitungsvertrieb; an eine Buchhandlung oder an den Akademie-Verlag, DDR - 108 Berlin, Leipziger Straße 3–4
– **im sozialistischen Ausland** an eine Buchhandlung für fremdsprachige Literatur oder an den zuständigen Postzeitungsvertrieb
– **in der BRD und Westberlin** an eine Buchhandlung oder an die Auslieferungsstelle KUNST und WISSEN, Erich Bieber, 7 Stuttgart, Wilhelmstraße 4–6
– **in Österreich** an den Globus-Buchvertrieb, 1201 Wien, Höchstädtplatz 3
– **im übrigen Ausland** an den Internationalen Buch- und Zeitschriftenhandel; den Buchexport, Volkseigener Außenhandelsbetrieb der Deutschen Demokratischen Republik. DDR - 701 Leipzig, Postfach 160, oder an den Akademie-Verlag, DDR - 108 Berlin, Leipziger Straße 3–4.

„Zeitschrift für angewandte Geologie"
Herausgeber: Prof. Dr. Karl Schmidt, Direktor des Zentralen Geologischen Instituts, Berlin, im Auftrage des Ministeriums für Geologie der Deutschen Demokratischen Republik.
Chefredakteur: Dr. Kurt Kauter, Zentrales Geologisches Institut, Berlin.
Anschrift der Redaktion: DDR - 1054 Berlin, Kastanienallee 69 (Fernruf 2824293/2824593).
Verlag: Akademie-Verlag, DDR - 108 Berlin, Leipziger Straße 3–4; Fernruf: 2236221 oder 2236229; Telex-Nr. 114420; Postscheckkonto: Berlin 35021. Bank: Staatsbank der DDR, Berlin, Kto.-Nr. 6836-26-20712.
Veröffentlicht unter der Lizenznummer 1279 des Presseamtes beim Vorsitzenden des Ministerrates der Deutschen Demokratischen Republik. P 186/77.
Gesamtherstellung: VEB Druckhaus „Maxim Gorki", DDR - 74 Altenburg.
Erscheinungsweise: Die Zeitschrift erscheint monatlich. Die 12 Hefte eines Jahres bilden einen Band. Bezugspreis je Band 144,– M zuzüglich Versandspesen (Preis für die DDR 24,– M). Bezugspreis je Heft 12,– M (Preis für die DDR 2,– M).
Bestellnummer dieses Heftes: 1047/23/11.
Alleinige Anzeigenannahme DEWAG-Werbung, DDR - 1054 Berlin, Wilhelm-Pieck-Str. 49, und alle DEWAG-Betriebe und Zweigstellen der Bezirke der DDR.

AN (EDV) 32138

Zeitschrift für angewandte Geologie 11/77

Herausgegeben vom Zentralen Geologischen Institut Berlin im Auftrag des Ministeriums für Geologie der Deutschen Demokratischen Republik
Verlag: Akademie-Verlag, 108 Berlin, Leipziger Straße 3–4

Шмидт, К.; Франке, Д.

К литологическо-фациальному развитию доперми в северной части ГДР

Z. angew. Geol., Берлин, **23** (1977) 11, стр. 541–548, 2 илл., 17 лит.

Многочисленными глубокими скважинами стало возможно в прошедших 15 лет значительно расширить уровень знания о литологическо-фациальном образовании доперми в северной части ГДР. Древнейшие, до сих пор доказанные серии пластов относятся к ордовику (1500 м). Они несогласно перекрыты (каледонский перерыв) преимущественно терригенно развитыми сериями Ольд Рэда (верховье нижнего девона и средний девон, до 1800 м). На них следуют, начиная с трансгрессией живета, морские мергелисто-карбонатно-глинистые отложения (верховье среднего девона и франского, до 1600 м). После коротко-временной регрессии в фаменском веке (50–130 м доломитово-мергелисто-песчаные породы) происходилось, начиная уже в этранже, к образованию нижне-каменноугольного „угольного известняка" и его эквивалентов (до 2000 м преимущественно мергелисто-известковые пласты). В ходе варисцийских тектогенетических движений происходило региональные поднимания и отлогались регрессии в временно-пространственной последовательности в виде морских (намюр А, 700 м), паралических (намюр В-вестфаль В, 160–1300 м) и терригенных серий (вестфаль С – стефан, 950–1600 м).

Юдин, Г. Т.; Катцунг, Г.; и др.

Нефтегазоносность миогеосинклинальных зон в складчатых областях

Z. angew. Geol., Берлин, **23** (1977) 11, стр. 548–555, 8 илл., 20 лит.

Перспективность нефти и газа до недавно в этом смысле почти не принимавшие во внимание миогеосинклинальные зоны складчатых областей обсуждаются на основе некоторых примеров: Западный склон Южного Урала, северный край Донбаса, северо-западный Кавказ. Показывалось, что такие зоны – не смотря на их сложные структурные отношения – на основе многочисленных признаков углеводорода как и некоторых нефтяных и газовых месторождений нужно оценивать более оптимистически, чем до сих пор.

Хуртиг, Е. В.; Мундт, В.; и др.

Юго-западный край Восточно-европейской платформы – возможная дверная граница плиты

Z. angew. Geol., Берлин, **23** (1977) 11, стр. 556–558, 24 лит.

На основе новых геомагнитных, глубоко-электрических, палеомагнитных, геотермических и глубоко-сейсмических данных измерения исследуются аномалии геофизического поля в области юго-западного края Восточно-европейской платформы. Показывается, что выступают ясные различия в физико-вещественном строении между платформой и юго-западном предполем. Граничная зона имеет характер разломной и подвижной зоны, но относительных движений не было возможно палеомагнитно доказать с нижнего палеозоя.

Катцунг, Г.

Расчленение саксона в центральной части Средне-европейской впадины

Z. angew. Geol., Берлин, **23** (1977) 11, стр. 559–561, 1 табл., 7 лит.

Исходя из циклического строения саксона, поддерживано корреляцией ярких литологических реперных горизонтов как и при учете палеогеографическо-палеотектонического развития впадины представляется стандартное расчленение саксона для центральной части Средне-европейской впадины на серии и слои. Обозначение литостратиграфических единиц учитывает области распространения типичных образований или же названия выбранных для стратотипов скважин. Представляется надежность границ и еще не совсем решенные проблемы.

Юбитц, К.-Б.,; Тишендорф, Г.; Винхольц, Р.

Результаты, направления и перспективы XXУ-го Международного геологического конгресса в г. Сидней, Австралия, 1976 г. Часть I-ая

Z. angew. Geol., Берлин, **23** (1977) 11, стр. 561–566, 7 илл.

Удинцев, Г. Б.; Крюгер, П.; и др.

Геологические исследования в области острова Ян Майен Часть 2-я: Морфологические и петрографические наблюдения на острове Ян Майен

Z. angew. Geol., Берлин, **23** (1977) 11, стр. 567–570, 1 илл., 1 табл., 15 лит.

Вулканизм острова Ян Майен и смежного поперечного желоба имеет два типичных признака: Во первых существует эволюция от океанических толеитных базальтов к субщелочным и щелочным островным базальтам и трахитам, при чем существует сходство с другими областями средне-океанических хребтов. Во вторых вулканизм характеризуется наличием кислых изверженных пород, от чего он значительно отличается от вулканизма среднеокеанических хребтов и приближается к тому типу, который характерный для Исландии и молодых орогенных областей материков. Особенности геоморфологии свидейтельствуют о трансформном разломе со структурами третичного базальтового плато, остатки которого – хребет Ян Майен и наложенный вокруг острова подводный массив. Особенно ясно наблюдаются различия этих структур по особенностям почвенной морфологии северного и южного склонов поперечного желоба Ян Майен.

Геберт, Д.; Йордан, Х.; Фрейлих, К.

Комбинированные исследования трития и ^{14}C в водах трещиновато-пористового проводника грунтовых вод

Z. angew. Geol., Берлин, **23** (1977) 11, стр. 571–574, 3 илл., 2 табл., 17 лит.

Использованием долговременных измерений трития и ^{14}C было возможно получить количественные данные о новообразовании грунтовых вод в исследованной области, о сохранении контаминации исследованных коллекторских пространств, о возрасте и скорости течения грунтовых вод, о дебите испытиванных колодцев и др.

Габриель, Б.; Циглер, Г.

О вычислении доставки грунтовых вод в триасовых породах Тюрингской впадины

Z. angew. Geol., Берлин, **23** (1977) 11, стр. 574–579, 4 илл., 3 табл., 6 лит.

Для вычисления доставки грунтовых вод сопоставляют результаты разных способов вычисления и проверяют естественными данными измерения от областных лизиметров. Это значит особенно ввиду практической работы учесть при перенесении данных водяного хозяйства областноспецифические особенности. Особенно благоприятно получится в области твердых пород комбинация разных способов выяснения доставки. По предложенным модельным представлениям областных лизиметров она является в виду неоднородности и анизотропии способной для изменения и построения.

Энглер, Р.; Вагнер, Ф. К.

К термическому поведению проб лунных пород в зависимости от давления

Z. angew. Geol., Берлин, **23** (1977) 11, стр. 580–581, 1 илл., 3 табл., 10 лит.

Для различных пород от Аполлона 12, 14 и 15 расчитывались данные специфической теплоты c_v при нормальном и повышенном давлениях (до 2 кбар). При этом показывалось при нормальном давлении, что данные c_v для земного оливина по сравнению с лунным оливином в четыре раза больше. Определение специфической теплоты в зависимости от давления позволило объяснение этого отклонения. Таблица данных от c_v давала, что данные c_v лунных пород сперва возрастают а потом стремят к постоянному значению. Так предположение оправдано, что в переделе давления от 1 кбар до 1,2 кбар закрываются трещины породы, что лунный материал ведется как твердая порода и достигает такое же значение c_v как порода земли.

Елерт, К.-Х.

Двойные сульфатные минералы натрия-иагнезия в верхнем цехштейне 2

Z. angew. Geol., Берлин, **23** (1977) 11, стр. 582–589, 12 илл., 20 лит.

Лёвеит, астраканит и вантгоффит являются в цехштейне 2 исключительными вещественными образованиями и связаны с верхним Na 2 и лежащей группой пласта K 2 в асцендентно превращенных профилях впадиноцентрального, богатового в $MgSO_4$ типа выделения. Встречаются они лишь в виде микроскопически видимых, образованных следов, реже в макроскопическо видимых обогащениях. Образование двойных сульфатов Na-Mg определено вертикальным размещением минералов в карналлитовом исходном веществе, химизмом и динамикой распространения асцендентных растворов как и отношением растворимости кизерита.

HEEG, W.

Zum bisherigen Stand des Umkehrproblems

Z. angew. Geol., Berlin, 23 (1977) 8, S. 589–592, 1 Tab., 25 Lit.

Der derzeitige Stand der numerischen Modelle der Grundaufgabe (Vorausberechnung der Strömung) erfordert ein Verfahren zur Lösung des Umkehrproblems (Parameterbestimmung), das keine Unterbrechung der Produktion benötigt, dem numerischen Modell der Grundaufgabe besser angepaßt ist und den umfangreichen Datentransport Umkehrproblem zum Grundproblem erleichtert. Arbeiten zum expliziten und impliziten direkten Umkehrproblem zur Auswertung indirekter hydrodynamischer Untersuchungsmethoden werden klassifiziert und die Ergebnisse diskutiert. Vorschläge zur weiteren Bearbeitung erfolgen, insbesondere zum impliziten direkten Umkehrproblem mit einem Polynomansatz und örtlich überbestimmten Gleichungssystem gegenüber dem expliziten Verfahren mit zeitlich überbestimmten Gleichungssystem.

HEEG, W.

The Present State of the Problem of Inversion

Z. angew. Geol., Berlin, 23 (1977) 8, pp. 589–592, 1 Table, 25 Refs.

The present state of the numerical models for the basic problem (precalculation of the flow) needs a method for solving the problem of inversion (determination of parameters), which does not interrupt the production, is better adapted to the numerical model of the basic problem, and facilitates the comprehensive transport of data from the problem of inversion to the basic problem. Works on the explicit and implicit direct problem of inversal required for evaluating indirect hydrodynamic methods of investigation are classified and their results discussed. Proposals made for a further treatment are presented, in particular for the implicit direct problem of inversion with a polynomial statement and a locally over-determined system of equations as against the explicit method with a chronologically over-determined system of equations.

Хэг, В.

К нынешмому состоянию обратной проблемы

Z. angew. Geol., Берлин, 23 (1977) 8, стр. 589–592, 1 табл., 25 лит.

Нынешное состояние числовых моделей основной задачи (предварительное вычисление течения) требует способ для решения обратной проблемы (определение параметров), не потребляющий перерыв производства, лучше подходящий числовой модели основной задачи и облегчающий обширный транспорт данных обратной к основной проблемы. Классифицируются работы к явной и неявной прямым обратным проблемам для использования косвенных гидродинамических методов исследования и обсуждаются результаты. Дается предложения для дальнейшей обработки, особенно для явной прямой обратной проблемы с полиномным подходом и локально сверхопределенной системы уравнений по сравнению с неявным способом со временно сверхопределенной системой уравнений.

Neuerscheinungen und Literaturhinweise

BOREWSKIJ, B. W.; CHORDIKAJNEN, M. A.; u. a.

Erkundung und Bewertung der produktiven Vorräte der Grundwasserlagerstätten in klüftigen und verkarsteten Gebieten

Moskau: Verlag Nedra 1976. 246 S., 63 Abb., 15 Tab., 150 Lit.

BUGAEC, A. N.; DUDENKO, L. N.

Mathematische Methoden bei der Lagerstättenprognose

Leningrad: Verlag Nedra, leningr. Ausg. 1976. 270 S., 13 Abb., 22 Tab., 160 Lit.

ESEN, J. J.; RATHBUN, R. E.

A stochastic model for predicting the probability distribution of the dissolved-oxygen deficit in streams

Washington: US Gov. Print. Off. 1976. 50 S., 24 Abb., 13 Tab., 22 Lit. (Geol. Surv. profess. Pap. 913)

GARSON, M. S.; AMOS, B. J.; u. a.

The geology of the area around Neyaungga and Ye-ngan, Southern Shan States, Burma

London: Her Majesty's stat. Off. 1976. 70 S., 4 Abb., 5 Tab., 1 Kt., 44 Lit.

LAWRUSCHIN, JU. A.

Struktur und Bildung der Grundmoränen der Inlandvereisung

Moskau: Verlag Nauka 1976. 236 S., 110 Abb., 4 Tab., 7 Taf., 546 Lit. (Tr. geol. Inst. AN SSSR, Wyp. 288)

MÉLON, J.; BOURGUIGNON, P.; u. a.

Les minéraux de Belgique

Dison: Éd. G. Lelotte 1976. 280 S., 112 Abb., 38 Fotos

SMIRNOW, W. I.

Geology of mineral deposits

Moskau: Verlag Nedra 1976. 520 S., 287 Abb., 48 Tab., 23 S. Lit. (aus d. Russ.)

TOURTELOT, E. B.; VINE, J. D.

Copper deposits in sedimentary and volcanogenic rocks

Washington: US Gov. Print. Off. 1976. 34 S., 20 Abb., 6 S. Lit. (Geol. Surv. profess. Pap. 907-C)

TYSDAL, R. G.

Paleozoic and Mesozoic stratigraphy of the northern Part of the Ruby Range, southwestern Montana

Washington: US Gov. Print. Off. 1976. 126 S., 4 Abb., 1 Tab., 4 S. Lit. (Geol. Surv. Bull. 1405-1)

VOLLSTAEDT, H.; RHODE, G.; u. a.

Einheimische Minerale

Dresden: Steinkopff 1976. 399 S., 138 Abb., 24 Taf., 2 S. Lit.

...

Estuarine chemistry

London: Acad. Press 1976. 229 S.

...

Fragen der dynamischen Theorie der Ausbreitung seismischer Wellen, Bd. 16

Leningrad: Verlag Nauka, leningr. Ausg. 1976. 223 S.

...

Neue Richtungen der Suche von Erdöl- und Erdgaslagerstätten

Moskau: Verlag Nauka 1976. 127 S.

Zeitfracht Medien GmbH
Ferdinand-Jühlke-Straße 7
99095 Erfurt, Deutschland
produktsicherheit@kolibri360.de